在场之关中

唐代服饰研究与活化设计

陈　霞—主　编
段丙文—副主编

中国纺织出版社有限公司

内 容 提 要

本书以对唐代服饰文化的梳理与研究、分析和活化设计应用为重点，详细阐述了唐代服饰文化在风格特征、款式结构、纹样、色彩、首饰方面的概貌与特点，并通过活化转换设计展现了唐代服饰文化在现代服饰中的应用。本书配有设计案例，展现了传统服饰文化在服装与服饰设计中的具体表现和运用。

全书图文并茂，内容翔实丰富，图片精美，针对性强，具有较高的学习和研究价值，不仅适合高等院校服装专业师生学习，也可供服装从业人员、研究者参考使用。

图书在版编目（CIP）数据

在场之关中：唐代服饰研究与活化设计 / 陈霞主编
. — 北京：中国纺织出版社有限公司，2020.10
ISBN 978-7-5180-7032-9

Ⅰ. ①在… Ⅱ. ①陈… Ⅲ. ①服饰文化—研究—中国—唐代 Ⅳ. ① TS941.742.42

中国版本图书馆 CIP 数据核字（2019）第 276942 号

策划编辑：李春奕　　责任编辑：籍　博
责任校对：楼旭红　　责任印制：王艳丽

中国纺织出版社有限公司出版发行
地址：北京市朝阳区百子湾东里 A407 号楼　邮政编码：100124
销售电话：010 — 67004422　传真：010 — 87155801
http：//www.c-textilep. com
中国纺织出版社天猫旗舰店
官方微博 http：//weibo.com/2119887771
北京华联印刷有限公司印刷　各地新华书店经销
2020 年 10 月第 1 版第 1 次印刷
开本：889 × 1194　1/16　印张：12.5
字数：286 千字　定价：180.00 元

01

第一章 唐代女性服饰风格特征

服饰文明是人类最古老的文明之一，服饰的演进记录着每一个民族文明发展的足迹。唐代是中国服饰文化发展的一个高峰时期，它的繁荣表现在空前的古今中外大交流与大融合，显示出“引进和吸收”“改革与创新”，雍容华贵、精彩纷呈、兼收并蓄、融合统一是唐代服饰的总体特征。以陕西地区出土的唐代墓室壁画、唐代陶俑以及唐代绘画中的服饰为对象进行风格特征研究。本研究探析了唐代出土文物、历史文献中唐代女性服饰与唐代历史文化之间、唐代服饰与中国传统服饰之间的相互作用关系；系统研究了唐代相关资料中的人物形象，了解了唐代服饰的风格特征，梳理了唐代服饰风格形成的原因，以及政治、经济、特殊的社会文化氛围等因素对唐代服饰产生的重要影响，具有重要的理论研究意义和现实意义。

第一节　概述

唐代独特的审美来源奠定了服饰风格特征形成的基础。唐代繁荣的经济、开放的国风、多元文化的并存对其服饰风格的形成产生了重要影响。唐代服饰风格经历了初唐、盛唐和中晚唐三个时期的发展变化，其风格呈现出阶段性特点，是一个由窄变宽、由传统走向开放的演变过程。唐代服饰在对外来文化的兼容并蓄中，形成了其独特而浪漫的风格和丰富的形式，对后世服饰的发展以及亚洲其他国家的服饰文化产生了巨大影响。

唐代是中国古代历史上政治经济高度发展、文化艺术繁荣昌盛的时代，也是东西方文明交流的辉煌时期。唐都长安成为东方的传奇，是各民族经济文化交流的中心，开放、包容、交流、融合，多种文化的汇聚与交融谱写了中国文化史上光辉闪耀的一页。唐代服饰的雍容大度、典雅华贵、百美竞呈正是这一时代真实的印证。

地域文化的传播与交流拓展了整个民族的文化时间和文化空间，从而拓展了这个民族生命存在的时空形态，构成了民族文化的灿烂星空。唐代服饰既是汉魏以来传统服饰风格的延续，同时也在各民族的文化交流中兼容并蓄，形成了独特而浪漫的风格，在中国服饰文化史上具有举足轻重的地位。唐代服饰也是现代服饰设计构思的重要来源之一，“民族的才是世界的”，在今天国际服装设计界的大舞台上，唐代服饰的元素被国内外服装设计师们广泛应用，许多国际大品牌都曾用到唐服的元素作为设计灵感来源。我们应该将民族精粹融入现代华服的设计中，将传统性与现代性彻底地贯通，探文明之源、通文明之脉、萃文明之符。将经典与时尚完美融合至不分彼此，并呈现出新颖的完美形态。使中国传统服饰文化的精髓得以传承与普及，再现中华服饰文化的辉煌。

唐代服饰一如唐代之诗章繁华灿烂，尤其是女子服饰，更是在中国服饰史上绽放着奇光异彩，丰美华丽、奇异纷繁，令人目不暇接。唐代是中国古代历史上妇女服饰最为开放与自由的一个时期，也是服装与装饰最具特色的一个时期。唐代是大胆吸收外来文化、丰富自己的时代，服装至此时期已有很高的成就，制作精巧、色彩华丽、耗资巨大。从李白的“翡翠黄金缕，绣成歌舞衣”到白居易的“红楼富家女，金缕绣罗襦”“广裁衫袖长制裙，金斗熨波刀剪纹。异彩奇文相隐映，转侧看花花不定。昭阳舞人恩正深，春衣一对值千金”等诗句中可见一斑。中国服饰发展到唐代，已经达到空前高度，逐渐脱离了前代简素、庄严的服饰风貌，形成了丰满、华丽、博大、清新的风格，从而也造就了独具特色、多样化的大唐服饰文化艺术。唐代服饰能有如此丰富多彩的变化，能有如此奇异而精美的创造，是当时难得的客观条件和主观努力完美结合的产物。唐代社会经济的发展、商业的繁荣，尤其是纺织业的高度发达，为唐代服饰的奢华别致在客观上提供了坚实的物质基础。在这样的社会背景下，唐代妇女以更为大胆的方式追求服饰的美，开放的形制、多样的色彩、华贵的纹饰以及个性的体现，这些元素综合构成了唐代女性服饰文化的基础。

一、魏晋南北朝和隋代女服对唐代女服的影响

唐代服饰是在沿袭了前朝服饰特点的基础上，经过长期的承袭、演变、发展，形成了自己独具特色的服饰风格。

初唐时期的女服风格是魏晋南北朝和隋代女服的传承。从陕西地区出土的近40座初唐时期的壁画墓中可以看到，壁画中的女性形象大多身着窄袖襦裙装，还有女侍穿着胡服，这一服饰特点在魏晋南北朝时期和隋代的壁画墓中均可以发现。为了能够清晰地理解双方的传承关系，在此将借助魏晋南北朝时期和隋代的墓室壁画以及出土的女俑，与唐代墓壁画进行对比分析。

目前发现的魏晋南朝墓中的壁画主要是模印砖壁画，河南邓州市张村镇学庄村的南朝墓出土的彩色画像砖（图1-1）和湖北襄阳贾家冲南朝墓画像砖拓

本（图1-2）中所呈现的妇女形象，都身着短襦长裙，脚穿高头履，宽大的衣袖随风飘动。这种服饰形象即为南朝时期的女子一般服饰——襦裙装，衣袖有宽有窄，以宽袖为多。正如晋代傅玄的《艳歌行》中咏道："白素为下裾，丹霞为上襦。"

北朝汉族女子的服饰为上身着襦，下身穿裙。北朝是中国一个非常动荡混乱的时代，一部分汉族由于战乱，从黄河南北两岸出发往北部流动，而匈奴、羌、鲜卑、氐等北方各族入主中原，受到少数民族胡服的影响，北朝的上襦以窄袖为多。在北朝时期有不少中原妇女穿着胡服，太原北齐徐显秀墓的壁画中就有着胡服的女子形象（图1-3）。唐代流行的披帛，最早出现于北朝时期，沈从文先生言："唐式披帛的应用最早见于北朝石刻伎乐天身上。"南朝梁简文帝《倡妇怨情诗十二韵》云："散诞披红帔，生情新约黄。"这些都是初唐时期的女子服饰风格。

图1-1　河南邓州市南朝墓出土的画像砖
图片来源：李星明，《唐代墓室壁画研究》，陕西人民美术出版社，2005年，第233页。

图1-2　湖北襄阳贾家冲南朝墓画像砖拓本

图1-3　太原北齐徐显秀墓壁画中的女子形象
图片来源：沈从文，《中国古代服饰研究》，上海书店出版社，2005年，第309页。

在初唐的墓室壁画中我们可以看到很多这样的女子形象，如唐太宗时期的陕西咸阳市三原李寿墓、西安市长安区郭杜镇执失奉节壁画墓、礼泉杨温墓（图1-4）、富平李凤墓（图1-5）等墓中的侍女都着窄袖短襦、长裙、披帛；也有的侍女着胡服。通过这些墓室壁画资料可以说明隋唐女子着窄袖襦裙装、穿胡服就是受到了魏晋南北朝时期服饰艺术特色的影响，为唐代女性的着装风格奠定了基础。

图1-4　礼泉杨温墓的侍女

图片来源：冀东山，《神韵与辉煌——陕西历史博物馆国宝鉴赏·唐墓壁画卷》，三秦出版社，2006年，第54页。

图1-5　富平李凤墓的侍女

图片来源：中国美术全集编辑委员会，《中国美术全集·绘画编：墓室壁画》，人民美术出版社，1989年，第100页。

在诸多服装史论中，多将隋唐服饰并为一个章节加以论述，这也说明了隋唐服饰异曲同工之处。可见唐代女性服饰风格受到隋代旧制的影响是非常深的，只是形式上更加华美。隋代统一的时间不长，它的服饰风格掺杂了魏晋南北朝的形制，女性的一般着装为襦裙装，也有女子着胡服，这一时期是魏晋南北朝女服向唐代女服过渡的时期。隋代姬威墓出土的侍女俑身穿窄袖短襦高腰裙、着半臂、披红色披帛（图1-6），固原隋代史射勿墓出土的侍女图中的裙装服饰为窄袖襦衫、披帛、褶裥裙（图1-7），初唐时期的礼泉杨温墓中的侍女也着这种服饰（图1-8）。可见唐代十分盛行的褶裥裙，在隋代时期妇女就喜欢穿着。

唐代女服沿袭隋朝旧制，即上身着窄袖短襦，下身着高腰紧身长裙，唐代女子喜欢穿着的半臂和披帛也是隋代宫人流行的服饰。

图1-6　隋代姬威墓出土的侍女俑

图1-7　固原隋代史射勿墓出土的侍女

图1-8　初唐时期的礼泉杨温墓出土的侍女

唐代女性服饰之所以绚丽多彩，也是因为隋代奠定了一定的物质基础。隋王朝统治年代虽短，但丝织业有长足的进步。张小平老师在《浅谈唐代女装》一文中曾提到，历史文献中记载隋炀帝"盛冠服以饰其奸"，他不仅使臣下嫔妃着华丽衣冠，甚至连出游运河时的大船纤绳均传为丝绸所制，两岸树木以绿丝带饰其柳，以彩丝绸扎其花，足以见其产量之惊人。至唐代，丝织品产地遍及全国，无论产量、质量均为前代人所不敢想象，从而为唐代服饰的新颖富丽提供了坚实的物质基础。

由此可见唐代女服风格是受到魏晋南北朝、隋代服饰的影响，在汲取了前朝服饰因素的基础上发展而来的。

二、唐代织造业的繁荣是服饰发展的基础

大唐帝国的富强，为服饰文化的繁荣提供了良好的物质基础。唐朝的建立结束了数百年的分裂和内战，使唐代的社会、政治、经济、文化、教育繁荣发展。唐太宗在政治上继承了传统的“以民为本”的仁政思想和“任人唯贤”“唯才是举”“德才兼备”的用人之道，任贤纳谏，使贞观时期逐渐形成了政治清明、社会安定的局面。并大力恢复和发展社会经济，推行均田，轻徭赋，鼓励民间经济发展，与民休养生息，节省政府开支，戒奢从简。[1]同时，四通八达的陆路、水路交通网络不仅促进了商业的繁荣，也使各地的文化交流更加畅通无阻。至唐玄宗开元天宝年间，唐代国力达到顶峰，史称“开元盛世”。

商业的繁荣，推动了染织手工业的发展。在唐朝，官府专设染织部门，下设织锦坊、绫锦坊、染坊等作坊。除了官营作坊外，还有民营纺织业。当时纺织业最为发达的地区除两京之外还有四川、河北、山东、江苏扬州等地。四川是唐代织造进贡丝织品的主要地方，蜀地生产的蜀锦，益州生产的金银丝织物，是当时名贵产品。据《旧唐书·五行志》记载：“安乐初出降武延秀，蜀川献单丝碧罗龙裙，缕金为花鸟，细如丝发，鸟子大如黍米，眼鼻嘴甲俱成，明目者方见之。”河北定州也是一大纺织业中心，据《通典》记载，在全国州郡贡丝织品的数量上，定州在当时为第一。此外，青州纺织业也十分发达，所织的绢质量极好。在北方纺织业发展的同时，江南的丝织业也十分发达。据《新唐书·地理志》记载，江南各州也都有著名产品。如润州有衫罗、水纹绫、方纹绫、鱼口绫、绣叶绫、花纹绫；湖州有御服、乌眼绫；苏州有八蚕绫、绯绫；杭州有白编绫、绯绫；常州有绸绫、红紫绵巾、紧纱；睦州有文绫；越州有宝花罗、花纹罗、白编绫、交梭绫、十样花纹绫，轻容、生縠、花纱、吴绢；明州有吴绫、交梭绫。唐代丝织业的发达不仅反映在丝织物名目繁多、产量丰富方面，在生产技术上也十分精湛。如浙江民间用青白等色细丝织成的缭绫，丝细质轻，极其精致，其中“可幅盘绦缭绫”花回循环与整个门幅相等，花纹复杂，交织点少，视感、手感和光泽都非常好。[2]在亳州纺织出一种无花薄纱，名为轻容，手感特别轻柔，做成衣服穿在身上就如披上一层轻雾。这些记载，都说明唐代丝织业的发展已达到很高的水平。

在唐代，棉纺织业也得到一定的发展。此外，印染技术也有了很大的提高。在玄宗以前就有了绞缬、夹缬、蜡缬等技术，如高宗时期的绞缬染色绢、蜡缬绢和蜡缬纱，这些反映了当时的印染水平。

[1] 沐牧. 论唐代女性服饰开放风格的形成原因 [J]. 时代人物，2013(10)：157-158.

[2] 竺小恩. 论唐代服装文化繁荣的机缘 [J]. 浙江纺织服装职业技术学院学报，2005(4)：19-23.

在唐墓壁画中，侍女所着服饰一般均由纯色表现，画有图案的较少，但仍然不难看出面料的质感，丝绸的襦裙装，轻纱的披帛，厚重面料的胡服。面料的色彩也是非常丰富的，绯红、杏黄、绛紫、月青、青绿等都是唐代妇女喜欢穿着的颜色。我们将借助新疆阿斯塔纳出土的绢画和实物来说明唐代面料的丰富，纹样的精美。在新疆吐鲁番阿斯塔纳出土的唐大历十三年（778年）的锦鞋（图1-9），鞋面采用8种不同颜色的丝线织成，图案为红地五彩花，以大小花团组成团花中心，绕以禽鸟行云和零散小花，外侧又杂置折枝花和山石远树；近锦边处，还织出宽3厘米的宝蓝地五彩花卉带状花边。整个锦面构图较复杂，形象生动，配色鲜丽，组织密致，即使与现代丝织物相比，也毫不逊色。新疆吐鲁番阿斯塔纳张礼臣墓（图1-10）出土的随葬屏风绢画舞伎像，画中的舞女着白地黄蓝卷草纹半臂、网格纹土黄色襦衫、大红色长裙，我们可以看出面料纹样细致，质地优良，非常精美。

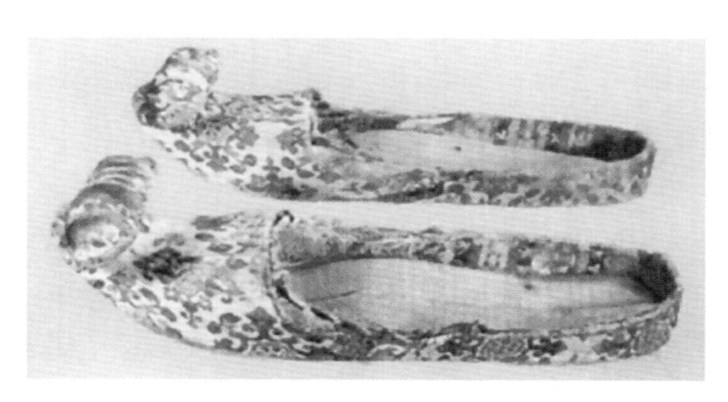

图1-9　新疆阿斯塔纳出土的唐大历十三年锦鞋

图片来源：朱虹，《新疆博物馆藏唐变体宝相花纹云头锦鞋鉴赏》，文物鉴定与鉴赏，2013年，第39-41页。

图1-10　新疆阿斯塔纳张礼臣墓出土的屏风绢画舞伎像

图片来源：新疆维吾尔自治区博物馆，《新疆维吾尔自治区博物馆》，新疆美术出版社，1998年，第164页。

三、唐代多元文化并存对女性服饰风格形成的重要作用

唐代女装风格特征的形成不仅体现在对传统文化的完美继承与发扬上，也表现在对异族文化、外域文化的汲取上。

唐王朝采取的是开放的民族政策。唐太宗曾说："自古皆贵中华、贱夷狄，朕独爱之如一。"这种将华夷视为一家的观念，成为唐代广泛开展对外交流的重要思想基础。当时的长安已发展成为国际性的大都会，不仅成为唐朝的政治、经济和文化中心，也是东西文化的交流中心。据《唐六典》记载，和唐朝

政府来往过的国家曾经有三百多个，最少时也有七十多个，在长安城居住的，除了汉族人民以外，还有回纥人、龟兹人、吐蕃人、南诏人以及国外的日本人、新罗人、波斯人及阿拉伯人等。丝绸之路的繁荣发展，更是将西域种类繁多的纺织品传入中原，为服装的多样化发展奠定了基础。正是唐代服饰文化这种"兼收并蓄""有容乃大"的精神，才使得唐代妇女服饰异彩纷呈，具有极强的时代特色。

于是胡服就在这种宽松的氛围之中盛行了。"士女衣胡服"成为唐代的流行时尚，当时无论男子还是女子都喜爱穿着胡服。而唐代女子的服饰，从裙服到帽饰，还有化妆等，更是受到胡人风俗的很大影响。陕西富平房陵大长公主墓（图1-11）壁画中的侍女头戴黑色幞头，身穿棕红色翻领开胯胡袍，下着浅色条纹紧口裤，脚穿柔软轻便的线鞋，腰间系有革带，带上挂着鞶囊，这种装扮即是初唐和盛唐时期女子十分流行的胡服，这种形象在初唐和盛唐时期的壁画墓中都有体现。

受胡风的影响，唐人亦逐渐感染了这种劲健侠爽之气，女着男装就充分体现了这一特点。在唐代之前，按中国传统礼教，男女不通衣裳，可是到了唐代，女着男装竟然成为一种时尚的服饰文化现象在当时流行开来。在初唐时期的礼泉新城长公主墓、段简璧墓、燕妃墓，富平李凤墓（图1-12）和盛唐时

图1-11　富平房陵大长公主墓中的壁画《捧花男装侍女图》

图1-12　富平李凤墓中的男装女侍形象

期三原臧怀亮墓等中都有很多穿着圆领袍服，头戴幞头，脚穿软底便鞋的男装女侍形象。

文化思潮的多元化，带来了思想和信仰的自由，使得唐代妇女，尤其是具有特权地位的贵族女性，能够生活在一种相对宽松的社会环境中，获得了比任何封建时代女性都要多的生存和发展的权利，进而在服饰上更加大胆创新。

四、宫廷对服饰风格时尚化的影响

唐墓壁画文化属于贵族文化，在唐代只有皇室贵族、王公大臣才能在墓室中绘制壁画，因为墓室壁画中反映的内容是以墓主生前的现实生活为题材的，所以壁画中的服饰多为上流社会女性穿着的服饰。通过与历史文献的对比，发现墓室壁画中所反映的女服风格与唐代平常女子的穿着相吻合，这进一步说明了唐代妇女的流行服装，主要先由宫中兴起，而后再播散到民间。

一切时尚都起自宫中，所有新的时尚元素都是皇族、嫔妃甚至宫女们最先使用的，她们成为时尚的风向标。首先，因为她们处于王朝中的最顶层，她们的言行在全社会都有示范作用。如武则天、太平公主、杨贵妃这样的人物，更是所有女性心中的典范，她们服饰的创新都会被当作新的时尚流传开来。其次，作为贵族，她们拥有更多的资源来满足她们装扮的愿望，有更多的材料来施展她们的想象力，同时她们衣食无忧，可以把更多的精力放到装扮上。所以，宫廷的贵族妇女引领了那个时代女性的时尚潮流。

唐代小说家张鷟在《朝野佥载》中说道："安乐公主造百鸟毛裙，以后百官、百姓家效之。山林奇禽异兽，搜山荡谷，扫地无遗。至于网罗，杀获无数。""百鸟毛裙"是用许多鸟毛织成的裙子，正视为一色，旁视为一色，日中为一色，影中为一色，非常华丽。此种款式一出，贵族妇女纷纷仿效，以致山林中的珍禽异鸟被捕杀殆尽。由此看来，统治阶级的率先倡导，其影响力是很大的。正如唐代诗人王涯《宫词》[1]中所说的那样，"一丛高鬓绿云光，官样轻轻淡淡黄。为看九天公主贵，外边争学内家装"。

无论是太平公主着男装、安乐公主的百鸟毛裙、宫女酒窝处的面靥，都展示出了唐朝"时尚应取自宫中，宫中流行的就是时尚的"的特点。唐代宫廷时尚影响女子服饰，成为那个时代的特色和风标。

第二节　唐代女性服饰的三大风格

唐代妇女服饰以其丰富的款式、艳丽的色彩、独特的风格，成为中国古代服装史中最为华丽的一个篇章。它和其他艺术共同创造了唐代灿烂辉煌的文化，在中国服装史上写下了令人惊叹的一笔。

[1] 逯钦立，先秦汉魏晋南北朝诗[M]. 北京：中华书局，1983：335.

唐代女性服饰在保持个性的同时又融入了多元文化。目前出土的唐墓壁画几乎反映了唐代三百多年历史中的所有女服种类，其中最具风格特征的是“襦裙服”“胡服”和“女着男装”。

一、大唐女子的主流服饰——襦裙服

唐代女装虽然千变万化，但襦裙服仍是唐代女子的主流服饰。襦裙服可以说是唐代乃至整个中国服装史中最为精彩而又动人的一种配套装束，在整个唐代历史时期的墓室壁画中的女性绝大多数都穿着襦裙装，只要唐墓壁画中有女性人物画，就有穿着襦裙装的，如初唐的长乐公主墓、新城公主墓、韦贵妃墓；盛唐的永泰公主墓、章怀太子墓、高元珪墓；中唐的唐安公主墓；晚唐的杨玄略墓等。襦裙服指上穿短襦或衫，下着长裙，披披帛，加半臂（即短袖），足蹬凤头丝履或精编草履的传统装束。

唐代的襦裙服沿袭了东汉以来华夏妇女传统的上衣下裳的形制，是一种由女上衣和女裙配套的样式。在中国传统女服中，衣是上身穿的，裳是裙子，衣与裳分开，妇女服饰中的这种上衣下裳的穿法，从汉代一直延续到明末。唐代的襦裙服上衣为襦，下着长裙，通常上襦很短，襦的领口造型变化丰富，有圆领、交领、方领、斜领、鸡心领等。圆领主要盛行于宫廷贵族，京都长安及其附近地区的普通汉族百姓则多穿交领。

襦裙服的下身为长裙，裙的种类丰富多样、绚丽多姿，表现出唐代奢华的服饰风尚。初唐、盛唐时裙子的裙腰是束在腋下，或掖于衫襦之内，烘托胸部的线条。而长裙则以多幅面料制作为时尚，有单色和多色之分，多色称为间色长裙或裥裙。从唐墓壁画资料中可以看到，颜色有朱绿朱黄、黑蓝白、红白、黑白、红白蓝等配色方式；单色的长裙以红、紫、绿、黄、青以及白色为流行，如初唐新城公主墓中就有侍女穿粉青色裙（图1-13）、淡土黄色裙（图1-14）、浅红色裙（图1-15）等，中唐韦氏家族墓中有穿天蓝色裙的女子（图1-16），懿德太子墓有侍女穿青色裙（图1-17）。穿着石榴红裙的女子形象是唐墓壁画中最多的，初唐、盛唐、中晚唐时期的墓室壁画都有女子穿红裙的形象，仅在燕妃墓中可辨认出色彩的壁画中就有19名女子穿红裙（图1-18），可见石榴红裙在唐代是流行时间最长、最受欢迎的。明代诗人蒋一葵在他的《燕京五月歌》中描写道：“石榴花发街欲焚，蟠枝屈朵皆崩云，千门万户买不尽，剩将儿女染红裙。”色泽鲜艳的长裙，加上“罗衫叶叶绣重重，金凤银鹅各一丛”的金银彩绣为饰，外观美不可言。

唐代襦裙服的演变，是与当时的社会风气和文化现象分不开的。初唐时期国力尚弱，经济处于复苏时期，这时期的襦裙服，沿袭了前朝服饰的特点，式样简单。基本样式为窄袖短襦，短襦多为开领和圆领，袖口的形制较窄小。下着长裙，裙摆较窄多长至拖地，裙腰束至胸部以上，有的甚至系在腋下，并以丝带系扎。肩披披帛，或穿着半臂，脚穿高头履，给人一种俏丽修长的感觉。初唐壁画墓中的所有襦裙装都是这种形制。如段简璧墓中的《持扇侍女图》

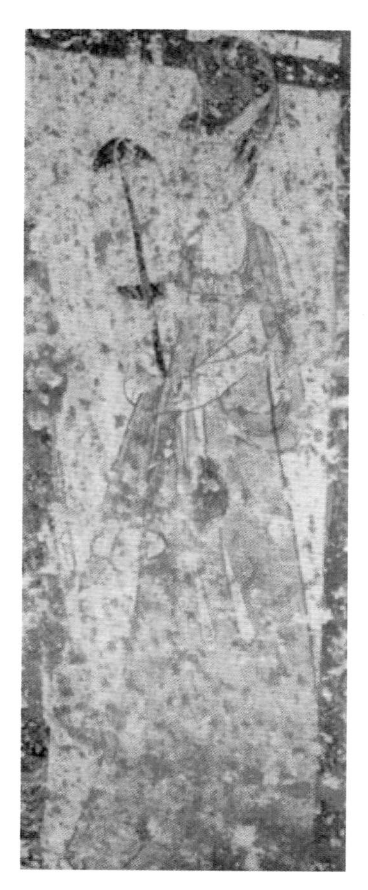

图1-13 初唐新城公主墓中侍女穿粉青色裙

图1-14 初唐新城公主墓中侍女穿淡土黄色裙

图1-15 初唐新城公主墓中侍女穿浅红色裙

图1-16 中唐韦氏家族墓中女子穿天蓝色裙

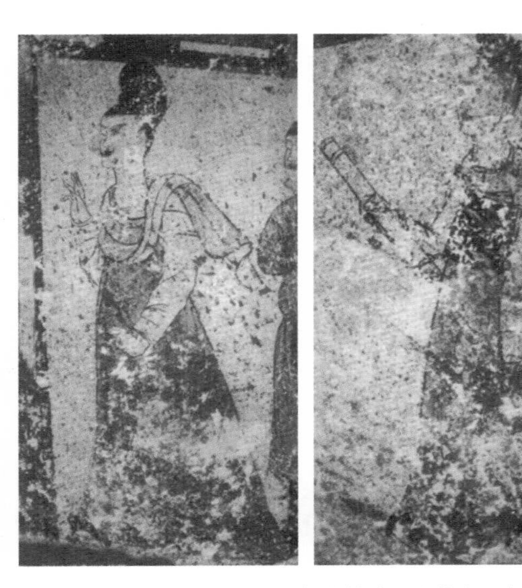

图1-18 燕妃墓中可辨认出色彩的壁画中的女子穿红裙

图1-17 懿德太子墓侍女穿青色裙

（图1-19）、新城公主墓中的《背向二女侍图》（图1-20）等。

这里重点要论述的是上襦的袒领。袒领，即里面不穿内衣，把整个前胸都坦露出来，可见女性胸前的乳沟。许多服饰史学者认为袒领是盛唐时期出现并流行的一种领型。妇女袒胸在北朝时期就已经出现，在河南安阳北齐范粹

图1-19 段简璧墓中的《持扇侍女图》

图1-20 新城公主墓中的《背向二女侍图》

墓就曾出土袒胸女俑。通过对初唐时期壁画墓资料的分析研究得出，袒领在初唐末期就已出现，并开始盛行于武周和玄宗时期。初唐燕妃墓中的十二屏风图中就有一袒胸女子（图1-21），说明初唐时期就有袒领。乾陵永泰公主墓（706年）的《宫女图》（图1-22）中则体现出袒胸装的盛行，图中的裙装者多为袒领装，双乳半露。

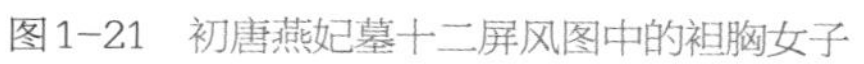

图1-21　初唐燕妃墓十二屏风图中的袒胸女子

图1-22　乾陵永泰公主墓中的《宫女图》

袒领是一种大胆、性感的设计，反映出唐代国风的开放，是唐代女性身心自由和精神解放的体现，是唐代女性自由大胆地追求美的体现。如唐代诗人方干《赠美人》中的“粉胸半掩疑晴雪”、欧阳询《南乡子》中的“胸前如雪脸如花”、周濆《逢邻女》中的“慢束罗裙半露胸”等诗句，就是在咏叹这种开放袒露领子的造型。

在唐朝，只有上流社会的女性才能穿袒胸装，永泰公主可以半裸胸，对她而言，袒胸露肌是自然的、美的、时尚的，而平民百姓家的女子是不允许半裸胸的。

盛唐时期，由于唐代的国风愈渐开放，经济愈加繁荣，襦裙服形制上开始转变。从高元珪墓（756年）（图1-23）、苏思勗墓（745年）（图1-24）中的壁画可以看出，襦裙服整体风格上变得宽松，尤其是襦袖的袖口和长裙的裙摆比初唐时宽大了许多，裙裾也比初唐时长了，曳地盖住脚面；上襦领口的形制变得丰富起来，出现了直领、鸡心领、翻领的样式。

中晚唐时期是唐朝社会由盛向衰的一个转变，由于受到“安史之乱”的影响，唐朝统治者开始回归到儒家礼教中，这时期的襦裙装向中原传统文化的宽衣博袖回归。这一时期的襦裙服在款式上无太大变化，在形制上，袖宽往往四尺以上，裙摆越来越宽大，裙裾越来越长。从中唐末期韦氏家族墓中的《侍女图》（图1-25）和晚唐杨玄略墓（864年）中的《素衣文吏图》（图1-26）中可以看出，这一时期的服装在整体上都宽大了许多，衣袖宽长盖住手面，长裙也十分肥大曳于地面，与史书中记载相符。

"红衫窄裹小撷臂，绿袂帖乱细缠腰"，繁丽的衣裙配上轻盈、飘逸的披帛，不但变化多端，而且增加了妩媚的动感。唐代的襦裙装从造型到色彩都极富视觉冲击力，表现出婀娜多姿的女性魅力。

图1-23　高元珪墓中的壁画

图1-24　苏思勖墓中的壁画

图1-25　中唐末期韦氏家族墓中的《侍女图》

图1-26　晚唐杨玄略墓中的《素衣文吏图》

二、大唐胡风与胡服的流行

大唐胡风盛行，追根溯源，是因为李唐皇室起源于北朝胡化之汉人，具有胡族血统。清末民初著名文学家陈寅恪先生言："若以女系母统言之，唐代创业及初期君主，如高祖之母为独孤氏，太宗之母为窦氏，高宗之母为长孙氏，皆是胡种，而非汉族。故李唐皇室之女系母统杂有胡族血胤，世所共知。"[1]天生的异族血统和固有的胡人心态使李唐皇室对所谓的"华夷之辨"相对淡薄，对异族多实行宽容优待的怀柔政策，异族一旦降服后即视如一国。唐太宗曾说过："自古皆贵中华、贱夷狄，朕独爱之如一。夷狄亦人耳，其情与中夏不殊。人主患德泽不加，不必猜忌异类。盖德泽洽，则四夷可使如一家。"[2]唐代的国运强盛，政治、经济、文化全面繁荣，是当时世界上最文明和先进的国家。加上当时政策的开放、丝绸之路的畅通，所以从初唐到盛唐期间，大量的胡人来到中国，促进了文化、经济的交流。当时在长安的居民除了汉人外，还有回

[1] 陈寅恪. 唐代政治史述论稿 [M]. 上海：上海古籍出版社，1997：1.

[2] 司马光. 资治通鉴 [M]. 北京：中国当代出版社，2002：197-198.

纥、龟兹、大食、波斯等各国人。大批的胡人迁入中国，据《旧唐书·太宗本纪》记载："是岁（贞观三年），户部奏言：中国人自塞外来归及突厥前后内附，开四夷为州县者，男女一百二十余万口。"[1]向达先生在《唐代长安与西域文明》中写道："唐代流寓长安之西域人，大致不出四类：魏周以来入居中夏，华化虽久，其族姓犹皎然可寻者，一也。西域商胡逐利东来，二也。异教僧侣传道中土，三也。唐时异族畏威，多遣子侄为质于唐……此中并有即留长安入籍为民者，四也。"[2]大量的胡人定居长安，与汉人杂居，使得文化上更加交融。外来的民族带来了他们的音乐、歌舞、技艺、服饰等，这些都深受唐人的喜爱，许多人刻意仿效。如《新唐书》卷八十载唐太宗之子李承乾在东宫"使户奴数十百人习音声，学胡人椎髻，剪彩为舞衣，寻橦跳剑，鼓鞞声通昼夜不绝。又好突厥言及所服，选貌类胡者被以羊裘辫发"。

中原人穿着胡服并非开始于唐代，早在战国时期，赵武灵王就力排众议，推行胡服骑射，开创胡服在中原流行之先例。汉灵帝也好胡服，"灵帝好胡服、胡帐、胡床、胡坐、胡饭、胡箜篌、胡笛、胡舞，京都贵戚皆竞为之。"[3]北宋时期的科学家沈括在《梦溪笔谈》中提到："中国衣冠，自北齐以来，乃全用胡服。窄袖，绯绿短衣，长靿靴，有蹀躞带，皆胡服也。窄袖利于驰射，短衣长靿，皆便于涉草。"[4]

唐朝的服饰多沿袭旧制，加上李姓王朝自身的种族及社会的对外交往，所以胡服成为唐朝极为流行的服饰。胡服的流行也与唐代非常流行胡舞有关，杨贵妃就是跳胡舞的高手。唐代女性从对胡舞的喜爱发展到对胡服——这种包含中亚、西亚等很多民族成分、充满异域风情的服装的模仿，她们以胡妆、胡服为美，其中尤以长安及洛阳等地为盛。"胡酒""胡舞""胡乐""胡服"成为当时盛极一时的长安风尚。唐代诗人元稹的诗中咏道："自从胡骑起烟尘，毛毳腥膻满咸洛，女为胡妇学胡妆，伎进胡音务胡乐。……胡音胡骑与胡妆，五十年来竞纷泊。"胡舞的流行及胡服的普及是影响初唐、盛唐时期女子着装时尚的重要因素，甚至使汉民族服饰在唐代表现出变异的特征，留下了深深的外来文化的印记，连中华民族传统的襦裙服也受到胡服文化的影响，形成了"襟袖窄小"的服饰特色。如阎立本的《步辇图》（图1-27）中描绘了贞观十五年，唐太宗下嫁文成公主与吐蕃王松赞干布联姻事件，松赞干布派使者禄东赞到长安迎接公主的故事。画家选取了唐太宗接见吐蕃使者的典型情节，画中唐太宗和仕女的服饰都受胡服的影响。他们的衣襟窄而贴身，长袍翻领，袖子窄而衣身宽大，下长曳地。

胡服的特点是方便实用。初、盛唐胡服主要有：翻领窄袖锦边袍，下条纹小口裤，透空软棉靴，帏帽，幂篱，腰间挂"蹀躞带"。中晚唐的胡服为回鹘

[1] 刘昫，等. 旧唐书：卷二［M］. 北京：中华书局，1975：37.

[2] 向达. 唐代长安与西域文明［M］. 北京：生活·读书·新知三联书店出版社，1979：6.

[3] 同[2]：41.

[4] 沈括. 新校正梦溪笔谈［M］. 胡道静，校注. 北京：中华书局，1963：23.

图1-27　阎立本的《步辇图》（北京故宫博物院藏）

装。胡服有的款式是男女通用，如窄袖袍、软靴等，男人女人均可穿着。唐代姚汝能的《安禄山事迹》中记载："天宝初，贵游士庶好衣胡帽，妇人则簪步摇，衣服之制度衿袖窄小。"可见在唐玄宗时期，十分盛行女子着胡服。通过对出土的唐墓壁画的分析研究可以看出，胡服大约流行于贞观至开元年间，因为在初唐和盛唐墓的壁画中穿胡服的女性形象较多，中晚唐以后的墓室壁画，则少有穿胡服的女性形象了，这点与历史文献的记载相符。

唐代妇女着胡服经历了两个阶段：一是初、盛唐时期，由于与西域地区少数民族国家经济和文化的交往频繁，这一时期从宫中到民间广泛盛行来自西域、高昌、龟兹，并间接受到波斯影响的胡式服装，其基本样式为头戴浑脱帽，身穿圆领或翻领衣长及膝的小袖袍衫，下着条纹裤，脚穿半靿软靴或尖头绣花软鞋，腰束蹀躞带，带下垂挂随身物品。[1]在初唐和盛唐的墓室壁画中有许多这样的胡服女子形象，如富平房陵大长公主墓（673年）出土的《托盘执壶侍女图》（图1-28）中的侍女，头梳回鹘髻，身穿黄面红里镶边翻领胡袍，下着条纹紧口裤，脚蹬红色便鞋。懿德太子墓（706年）甬道东壁北侧揭取的《侍女内侍图》（图1-29）中，女侍身穿红色翻领胡袍，下着紧口裤，脚穿轻便软鞋。永泰公主墓的《捧果盘侍女图》（图1-30）中，女侍身穿土黄色翻领胡服，腰佩蹀躞带。章怀太子墓（711年）出土的壁画《侍女侏儒图》（图1-31）中，左边女子身穿红色翻领胡服，下着条纹紧口裤，脚穿软鞋。

二是到了盛唐末期和中唐前期，前述样式的胡服便不再盛行，而是流行回鹘装（图1-32）。回鹘是唐代西北地区的少数民族国家，原名"回纥"，贞元四年（788年）改名"回鹘"。回鹘与唐朝有姻亲关系，尤其在安史之乱中，回鹘派兵援助唐廷讨伐叛逆，进而两国之间的交往更加频繁。回鹘装正是在此时流行于中原的宫廷和民间。五代时花蕊夫人的《宫词》中讲出了回鹘装的特点："明朝腊日官家出，随驾先须点内人。回鹘衣装回鹘马，就中偏称小腰

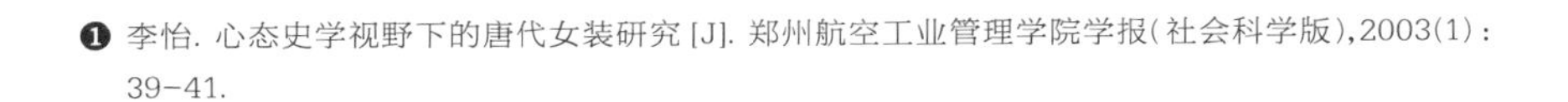

[1] 李怡. 心态史学视野下的唐代女装研究 [J]. 郑州航空工业管理学院学报(社会科学版),2003(1)：39-41.

图1-28　富平房陵大长公主墓中的《托盘执壶侍女图》

图1-29　懿德太子墓中的《侍女内侍图》

图1-30　永泰公主墓出土的《捧果盘侍女图》

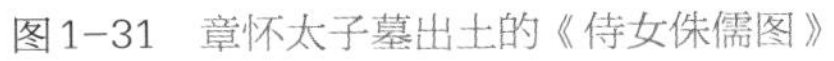

图1-31 章怀太子墓出土的《侍女侏儒图》

图1-32 回鹘装

身。”即回鹘装是袖子、腰身窄小的翻领曳地长袍，颜色以暖色为主，尤喜用红色，材料多采用质地厚实的织锦，领、袖均镶有宽阔的织金锦花边。穿着此服时，通常将头发挽成椎状的髻式，时称“回鹘髻”，其上另戴一顶缀满珠玉的桃形金冠，饰凤鸟，称为“回鹘冠”。两鬓插有簪钗，耳边及颈项各佩许多精美的首饰，足穿翘头软锦鞋。现在服装史的书籍中多以敦煌莫高窟第205窟壁画曹议夫人供养像作为此类形象的典范，在唐代的高昌壁画中也有这种形象的出现。唐开成年间（840年），回鹘政权发生内讧，国家衰落，回鹘文化对唐的影响也就慢慢减弱了，此后“回鹘装”则渐渐少见。

中唐后期到晚唐时期，由于受到安史之乱的影响，使唐朝由盛转衰，加上在平乱时期，回纥在中原烧杀抢掠，使中原人士对胡人产生了戒备和仇恨的心理，因此胡服在中晚唐时期受到汉人的抵制，这时候穿着胡服的人非常少了。可以说唐代胡服的演变，与政治有着深刻的关系。

唐代文化所吸收的外来优秀文化，大大丰富了胡服的面料和图案的种类，胡服面料和装饰图案具有中西合璧的纹饰特征。面料上绣有波斯的有翼神兽、联珠纹，中西亚的骆驼、狮子等，花色繁多的图案纹样使得胡服的面料具有强烈的艺术感染力，从侧面反映出唐代社会文化的高度发展，也体现了唐代服饰兼收并蓄的一大特点。

胡服羼入中原，至唐已有几百年的历史，在唐代，胡服已不是单纯的某一西北民族的服饰，而是广采众多北方民族服饰之长并融入了大量的西域、波斯、印度服饰文化的风格，它是多种文化相互融合、兼容创新的典型实例。唐代的胡服有着深刻的文化内涵，代表着唐人兼容并蓄的时代精神，而唐代女子穿着胡服的飒爽英姿，也为本来绚丽的唐代妇女服饰增添了一笔浓艳的色彩。

三、开放社会下的女着男装

女着男装是唐代社会兴盛和开放的又一反映。在唐代之前的中国长期封建社会中，男女是不通衣服的。《礼记・内则》曾规定"男女不通衣裳"。而唐代却有胡服盛行、上行下效、贵贱服饰统一以及女着男装的现象。尤其是女着男装在唐代更是一种独特的风尚，从宫廷到民间都广泛流行。

在初唐时期，妇女着男装已不少见，表明了汉代以来儒家礼教对妇女的桎梏在某种程度上被打破了，女性表现出对自由的渴望，也表现出唐代女子在服饰上追求变化与创新。唐代以前，虽然在汉魏时也有男女服式差异较小的现象，但不属于女着男装，只有在社会风气开放的唐代，女着男装才有可能成为一种社会时尚，这种现象的出现从侧面反映了唐代社会的开放与兼容。

从唐初期阎立本的《步辇图》到五代十国时期南唐顾闳中的《韩熙载夜宴图》，不同时期的绘画联系起来，便可看出三百余年间，圆领袍衫、幞头、皮靴，是唐代男子的日常装束。唐代妇女的社会活动较多，远行出游，骑马射猎，穿着男装更为方便。这从唐代画家张萱的《虢国夫人游春图》和周昉的《挥扇仕女图》中便可看到女子着男装出游的情景。女子着男装后，俊美秀丽、英姿飒爽。这一时期女着男装的现象，成为一种社会时尚，也是女子对自我价值的肯定。

这种时尚风格的产生是有其深厚的历史背景作为依托的。唐朝的经济处于上升期，具有强盛的国力、先进的文化，为人们追求生活享受创造了条件。而唐朝开放的国风、宽松的政治风气，使得女性意识逐渐崛起，女性的社会地位明显提高，一些贵族女性更是获得了与男性相当的政治权利，在唐代不仅出现了上官婉儿、韦后、太平公主等一系列宫廷女性弄权的政治事件，而且产生了中国历史上唯一的女皇帝武则天。在她的治理下，唐朝国力进一步提高，国风愈加开放，女性地位愈加提升。

开明的民族政策，使得唐代对外族服饰以及外族文化采取了兼容并蓄的态度。不同民族之间的交往过程中，他们的审美活动必然会产生一种互相渗透式的文化交流。初唐到盛唐期间，北方游牧民族匈奴、契丹、回鹘与中原交往甚多，加之丝绸之路的繁荣，他们的服饰也对女着男装产生了重要影响。这些身着胡服的马上民族，对唐代女性着装意识产生一种渗透式的影响，创造出一种适合女着男装的气氛。

据历史文献记载，这种社会风尚，首先在唐代的宫廷中流行，后逐渐普及到民间，深受广大女子的喜爱。《新唐书・五行志》载："高宗尝内宴，太平公主紫衫、玉带、皂罗折上巾，具纷砺七事，歌舞于帝前。帝与武后笑曰：'女子不可为武官，何为此装束？'"[1]

《新唐书・李石传》记载："吾闻禁中有金乌锦袍二，昔玄宗幸温泉与杨贵妃衣之。"这两个极具影响力的女性：太平公主和杨贵妃喜穿男装的事例，必

---

[1] 欧阳修，宋祁，等. 新唐书：卷三十四 [M]. 北京：中华书局，1975：878.

然会对社会风气产生影响。上有所为，下必效之，士人的妻子也开始穿着丈夫的衣衫、靴子、帽子，并逐渐成为风尚。侍女们也仿效主人，开始穿着男式圆领袍服，头裹幞头，足踏高筒靴，腰系革带，侍奉于厅堂下。但是与历史文献记载不同的是，在出土的唐代墓室壁画中，“女扮男装”的形象几乎全都是侍女形象，时间也在天宝年以前。墓室壁画反映的是当时的社会现实，所以可推测，女扮男装之风气可能在初唐时首先出现在侍从阶层，然后才流行于其他阶层，后亦为士族妇女所仿效。现出土的有男装侍女形象壁画的较早唐墓是永徽二年（651年）的段简璧墓中的两名女侍（图1-33），都穿圆领袍服，红绿条纹相间的波斯裤，一名戴幞头，脚蹬高筒靴；一名头勒花巾，脚穿线鞋。另外，李爽墓（668年）、阿史那忠墓（675年）（图1-34）、梁元珍墓（699年）、章怀太子墓（706年）（图1-35）以及韦浩墓（706年）等的壁画中也都有身着男装的女侍形象出现。西安市雁塔区羊头镇李爽墓墓室东壁揭取的《男装吹箫侍女图》（图1-36）中的男装乐伎，头戴黑幞头，身穿红色圆领袍服，绿色条纹波斯裤，裤口紧束，脚穿白色尖头便鞋，腰束蹀躞并配一个鞶囊。至中晚唐时期，传世的图像和考古资料都再也见不到女扮男装的妇女形象了。

图1-33 段简璧墓中的女侍

图1-34 阿史那忠墓的壁画

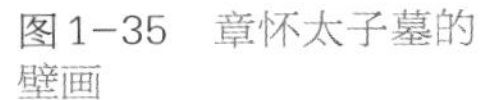
图1-35 章怀太子墓的壁画

图1-36 李爽墓中的《男装吹箫侍女图》

综上所述，唐朝墓室壁画中出现的女着男装侍女的形象是当时的社会现实，是唐朝开明的民族政策以及开放的社会风气，让唐代女子有了大胆的反传统意识，极具开放性地吸收一切外来元素，并加以发挥创造，正是这样开放的精神成就了“女着男装”这种服饰历史中罕见的现象。

第三节 唐代女性服饰的风格与演变

一、初唐

初唐时期的服饰风格可以分为前后两期，前期为高祖到太宗时期（618~649年），后期为高宗到中宗即位时期（650~704年），这与唐朝的政治

和经济的发展是息息相关的。唐朝初期，是国力恢复的时期，更朝换代的战争和贞观初年的自然灾害，使得初唐统治者禁奢侈崇俭德，推行均田、轻徭赋的政策，以节省政府开支。受此政治经济和社会风气的影响，初唐时期的社会风气相对封闭和保守，世风简朴。这一时期女性的服饰从整体上来说风格简约，以三原李寿墓（630年）和昭陵杨温墓（640年）、长乐公主墓（643年）、李思摩墓（647年）中的壁画为代表。初唐前期女子的襦裙服沿袭了隋代旧制，多为小袖长裙，裙上束至胸部，裙摆较小，外着半臂，佩披帛。从衣裙形制上来说，较为窄小，这一时期流行条纹裙，前面所提到的四座初唐前期墓室壁画中的女性无一例外都穿着条纹裙。从昭陵杨温墓中的《七侍女图》（图1-37）中可以看出襦裙服的形制窄小紧凑，小口襦袖紧裹于臂，图中的七名侍女全部穿着高腰条纹裙。而且可以看出，初唐前期的襦裙服已经佩有披帛。

李思摩墓中《持扇侍女图》（图1-38）的侍女形象完全吻合上述的着装风格，从图中可以看到，这一时期已有着半臂者了，但是并不多见，仅有这一幅壁画中有。

图1-37　初唐前期墓室壁画中的条纹裙

图1-38　初唐前期的襦裙服

初唐后期为高宗至中宗即位时期，这一时期陕西出土的有段简壁墓、执失奉节墓（658年）、新城公主墓（663年）、李震墓（665年）、韦贵妃墓（665年）、李爽墓、燕妃墓（671年）、房陵大长公主墓（673年）、李凤墓（675年）、阿史那忠墓、安元寿墓（683年），这一时期墓室壁画中的女服风格也是最清晰的。

“贞观之治”使唐朝经济复苏，社会安定，政治清明，人民富裕安康，出现了空前的繁荣，开始出现奢侈纵性之风，人性得到一定程度的张扬，女服的风格由保守趋向开放，开始向华丽演进。这时的襦裙装仍是窄袖短襦，着半臂，佩披帛。从新城公主墓中壁画（图1-39）上可以看出，襦裙在形制上整体比初唐前期宽松了一些，短襦的襦袖虽然也是较为窄小，但是已经不再紧裹于手臂，袖长遮住手面，长裙也比初唐前期的宽大一些。

初唐后期女裙的色彩，以红裙为多，除此之外还有绿裙、浅黄色裙、浅青色裙、褐色裙、浅红色裙以及白裙；上襦领型的种类更加丰富，特别是出现了与前后朝代完全不同的袒领；半臂和披帛在这一时期成为女子常服，并十分流行。昭陵燕妃墓中的《袖手二侍女图》（图1-40）是这类服饰风格的典型。

图1-39　新城公主墓中的壁画

图1-40　昭陵燕妃墓中的《袖手二侍女图》

初唐时期，经济上的繁荣发展、宽松的政治气氛使女性的地位上升，开始出现着男装的女性。女着男装者在唐墓壁画中都为男装女侍，最早出现于段简璧墓（651年）的壁画中，在新城公主墓、韦贵妃墓、李爽墓、燕妃墓、房陵大长公主墓、李凤墓、阿史那忠墓、安元寿墓、梁元珍墓（699年）的壁画中也都有身着男装的女侍形象出现。说明女着男装在初唐时就已经开始流行了。

唐初期，由于统治者采取的是开放的民族政策，北方游牧民族和西域各国与中原交往甚多，加之丝绸之路繁荣发展，促进了文化、经济的交流，他们的服饰对中原服饰造成了很大影响，胡服开始盛行。胡服从贞观年间开始流行，在新城公主墓、房陵大长公主墓、李凤墓中都有着胡服的女子形象。如房陵大长公主墓墓前甬道西壁揭取的《持花男装侍女图》（参见图1-11）。

从首服来说，初唐的女子带幞头和幂篱。初唐时流行的女着男装，与之相配的就是幞头，如新城公主墓中的男装女侍（图1-41）。昭陵燕妃墓墓后甬道南口外西侧的《捧幂篱女侍图》中，有一名女侍双手捧着幂篱。这说明，唐初女子有“蔽面”习俗，妇女外出多戴幂篱，有助于贵妇出行掩饰身份和防止路人窥视。到了7世纪中期，社会风气日益开放，封建礼法在服饰上的约束受到冲击，幂篱逐渐消失。

总体上说，初唐时期的女服风格是在沿袭了前朝的服饰特点上，由简朴向奢华演进。

图1-41　新城公主墓中的男装女侍

二、盛唐

经过“贞观之治”的经济日益繁荣，至唐玄宗时期的“开元盛世”，唐朝的国力达到前所未有的强盛。玄宗当政时，精心国政，选用良相，兼听纳谏。在这一时期，社会繁荣安定，人民生活富裕，一度达到唐朝的极盛时期。强盛的国力，使得社会风气更加开放，整个社会豪奢之风盛行。盛唐时期的女服改变了初唐时的简朴之风，色彩艳丽、面料精美、极尽奢华，在风格上更加开放。

陕西地区出土的有清晰女性形象的盛唐壁画墓有章怀太子墓、永泰公主墓、韦浩墓（708年）、韦泂墓（708年）、臧怀亮墓（730年）、李宪墓（742年）、苏思勖墓、高元珪墓、郯国公主墓（787年），还有无明确纪年的韦曲唐墓。

从这些壁画墓中看到，盛唐时期女子穿着的襦裙装在其款式上并无太大的变化，基本样式仍为上襦下裙、着半臂、佩披帛，只是在形制上比初唐略微宽大，裙腰下移，裙裾曳地，服色艳丽。曾经为主流的条纹裙渐渐销声匿迹，开始流行各种色彩浓艳的裙子，如绛红、杏黄、绛紫、月青、青绿等色。上襦的领型更加丰富，有方领、鸡心领、翻领等。尤其是袒领，非常盛行，这是该时期一个鲜明的特征。在这个时期的墓葬壁画中，常可见穿袒胸装的女性形象，如永泰公主墓、章怀太子墓、懿德太子墓中，均有这类壁画。在盛唐，襦裙外罩一件“半臂”已成为一种时尚。《新唐书·车服志》载：“半袖裙襦者，东宫女史常供奉之服也。”披帛在这一时期也广为流行。

以盛唐初期的永泰公主墓壁画《宫女图》(图1-42)中的宫女形象为代表，图中九位宫女都身穿窄袖短襦，低低的领口露出乳沟，各色长裙曳于地面，露出饰有金花的重台履，襦上着半臂，肩搭披帛，反映出当时皇室贵族女性服装的时尚潮流。西安长安区韦曲出土的盛唐无名氏墓壁画(图1-43)中的仕女身穿十分宽大的绿色襦衫，着橘红色半臂，披着长长的披帛，色彩非常艳丽，极具盛唐风格。

很多传世绘画作品中也充分反映出了这个时期襦裙服的风格。如盛唐著名画家张萱的代表作《捣练图》(图1-44)中描绘了一群宫廷妇女正在制作丝绢的劳动场面。图中妇女都穿着短襦长裙，上襦的领口开得很低，胸颈裸露，长裙宽博，裙摆拖于地面，肩上搭有披帛，是典型的盛唐样式。再如盛唐画家周昉的《挥扇仕女图》(图1-45)中描绘的是贵族仕女的生活，画中女性穿着薄纱大袖衫裙，披印花披帛。从画中亦可以看出面料的精美，花色的华丽。与初唐和盛唐初期的永泰公主墓壁画中的女性形象不同的是，盛唐的女服已经向更宽更长发展，这是盛唐国力的强盛和大唐豪阔之气在服饰上的直接映射。

图1-42　永泰公主墓中壁画《宫女图》

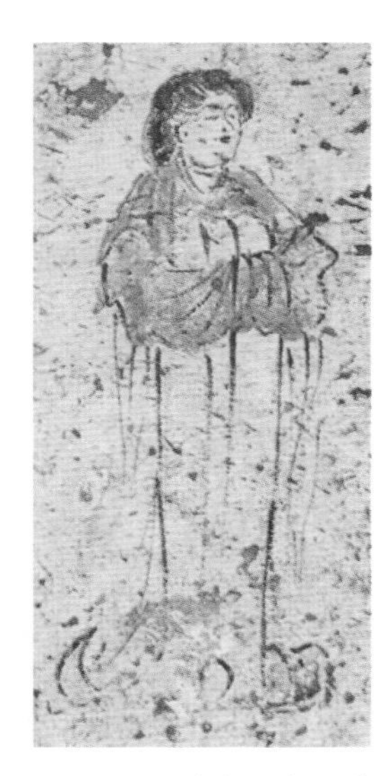

图1-43　盛唐无名氏墓中的壁画

图1-44　张萱的代表作《捣练图》(美国波士顿美术博物馆藏)

图1-45　周昉的《挥扇仕女图》局部（北京故宫博物院藏）

女着男装的风气尤在开元、天宝年间盛行。在盛唐时期的章怀太子墓、永泰公主墓、韦浩墓、高元珪墓中都有女着男装的形象，且都为男装女侍，如高元珪墓中的壁画（图1-46）。这种风气的盛行，一是因为唐朝的政治气氛宽松，社会风气开放，妇女参加社会活动较多，穿着男装较为方便；二是因为唐代女子的女性意识提升，或仿效男性装束，或挑战男权，表现在服饰上则更喜爱标新立异，追求变化与创新。

盛唐画家张萱的《虢国夫人游春图》（图1-47）所绘的是唐玄宗时期，显赫一时的皇亲杨氏姊妹出行游春时的情景。与唐墓壁画不同的是，画中着男装的女子为贵妇，且有五人都穿男式圆领袍衫。这幅画更加说明了女着男装是这一时期女性服饰风格的一大特点，是当时的一种时尚。

据史料记载，由于与西域地区少数民族国家经济和文化的交往愈加频繁，盛唐时期，从宫中到民间都广泛盛行来自西域、高昌、龟兹的胡式服装。《旧

图1-46　高元珪墓中的壁画

图1-47　张萱的《虢国夫人游春图》局部（辽宁省博物馆藏）

唐书·舆服志》也记载："开元来，妇人例著线鞋，取轻妙便于事，侍儿乃著履。……太常乐尚胡曲……士女皆竞衣胡服……"❶可见在唐玄宗时期，十分盛行女子着胡服。

但是，在已出土的唐代墓室壁画中女着胡服的形象，多为盛唐初期的壁画墓，如章怀太子墓、永泰公主墓、韦浩墓（图1-48）中都有胡服女子的形象，而玄宗时期的墓室壁画中则未见此类形象。女子不但穿胡装还佩戴状奇艳丽的胡帽。胡帽源于西域和吐蕃各族，款式新颖多变，有的卷檐虚顶，有的装有上翻的帽耳，耳上加饰鸟羽，有的则在帽檐部分饰以皮毛等。

图1-48　韦浩墓中的胡服女子形象

至开元时，初唐女子盛行的"幂篱"已经消失了。至天宝时期，妇女们干脆去除帽巾，露髻出行。《旧唐书·舆服志》中记载："开元初，从驾宫人骑马者，皆著胡帽，靓妆露面，无复障蔽。士庶之家，又相仿效，帷帽之制，绝不行用。俄又露髻驰骋，或有著丈夫衣服靴衫，而尊卑内外，斯一贯矣。"❷

综上所述，盛唐时期的女服是以博采众长为美，极尽开放与奢华艳丽的服饰风格。

三、中晚唐

目前出土的中晚唐时期的壁画墓较少，有清晰女性形象的只有中唐前期的韦氏家族墓、唐安公主墓（784年），晚唐的杨玄略墓（864年）。从出土的墓室壁画情况来看，可以对这个时期的女服有一个基本的了解，但是不够全面，所以要借助历史文献来进行论述。

安史之乱是唐朝由盛转衰的转折点，唐王朝因此一蹶不振。此后北方藩镇割据、宦官专权使中晚唐的社会处于长期动荡不安之中。中唐时期代宗的削宦之举，德宗的精心政事，使混乱的社会又暂时安定下来，出现了"元和中兴"，但是长期的战争已经破坏了唐朝的社会经济，"中兴"只是暂时的。宪宗死后，政治混乱，宦官当权。在这时，周围的少数民族国家回纥、吐蕃等国家崛起，不断侵犯唐朝的边境。内忧外患使得统治者开始对开放的世风进行检讨，回归到传统中，很多人对少数民族产生了反感，这些政治因素对服饰的影响非常大。

由于受到安史之乱的影响，"华夷一家"的观念逐渐淡薄，很多人对胡人产生了排斥心理，所以在这个时期的壁画墓中已见不到胡服的形象，"半臂"和

❶ 刘昫，等. 旧唐书：卷四十五［M］. 北京：中华书局，1975：1997.

❷ 同❶：1957.

图1-49　杨玄略墓中的壁画

“披帛”也比较少见。传统的复苏，使中唐的世风回归到初唐时的保守，也不再有女着男装者了。

因此，襦裙服成了中晚唐时期女性最主要的服式。它在形制上开始向中华传统女服的宽衣博带转化。褒衣博带、宽袍大袖、色彩靡丽是这一时期女服风格的特点。

中唐时期的襦裙服，衣裙宽而肥大，至晚唐时衣裙更是异常肥大。一般妇女服装，袖宽往往四尺以上，衣袖和裙裾的长、宽都比初唐时多了一倍左右。裙幅有六幅、七幅、八幅，有的裙宽甚至达到十二幅。裙子也比初唐、盛唐时期更长，裙腰逐渐系低。中唐时期虽然还有袒胸装，但是在裙腰上出现了抹胸，正如孙机所言：“对唐前期女性颇为暴露的前胸有所遮掩。”[1]杨玄略墓壁画（图1-49）中的女子，身着衣裙十分宽大，头梳高髻，为晚唐女服的典型特点。

唐文宗曾下令制止此风的盛行，延安公主就曾因为穿着华丽宽大的衣裙而受到文宗的责罚。当时的贵族妇女还流行穿锦绣长裙，裙子用锦带系于胸部，宽大的下摆拖在地上，上身穿一件薄薄的透明纱衣。同时还流行戴假发，梳高大的发髻，插很多金钗银篦之类的头饰，反映出奢华颓靡的社会风尚。

中晚唐时期在上流社会流行一种特色服饰——回鹘装。因回鹘曾帮助唐王朝平复了安史之乱，从而与唐朝开始频繁交往，回鹘舞蹈及回鹘妇女服装，对唐代妇女产生一定的影响，尤其在贵族妇女及宫廷妇女中间广为流行。比较著名的此类形象为甘肃安西榆林窟第10窟甬道壁画供养人五代曹议金夫人李氏像。回鹘装是希腊、波斯文化与中国文化交融的产物。

进入中晚唐时期国势逐渐衰落，这一时期女服风格回归传统，充溢颓废和奢靡的气息。

第四节　唐代女性服装的款式分类

唐代是中国民族大融合的鼎盛时期，文化兼容并蓄，广纳各民族之精华，呈现出开放、包容、博大的特质，因此唐代也是中国服饰尤其是妇女服饰发展的一个巅峰。由于织造工艺的发展，唐代服装款式丰富、质地优良、纹样多样、色彩艳丽，展现出崭新的风貌。在唐墓壁画中几乎反映出了唐代女性日常着装的所有款式，但是在很多服饰史中都提到的“帷帽”，却没有在壁画的内容中体现，因此本章不加以介绍。

---

[1] 孙机. 唐代妇女的服装与化妆 [J]. 文物，1984(4)：57-69.

一、襦、衫

襦，是中国古代常见的一种上衣。《礼记·内则》载："十年出就外傅，居宿于外，学书计，衣不帛襦袴。"东汉著名文字学家许慎的《说文·衣部》中道："襦，短衣也。"在中国古代服制中，上衣为襦、袄、袍、衫。襦是最短的，袄较襦长，袍较袄长，衫则最长。襦一般男女均可穿着，东汉以后成为女子的一种特定服饰。汉代女子的襦一般与裙合穿，两袖肥大，如东汉诗人辛延年诗中所云"长裙连理带，广袖合欢襦"。到了南北朝及唐代，由于受到北方游牧民族文化的影响，窄袖短襦在中原地区十分流行，因为这种窄袖紧身的短襦不仅有利于做事，还能表现女子的体型，因此受到女性的喜爱。衫，有无袖单衣，功用为吸汗，分为对襟及右衽大襟两种；衫也是用于春秋天时外穿的一种服制。

襦是唐代妇女最重要的服装之一，在各种场合都可以穿着，我们在大量的唐墓壁画、敦煌壁画、传世画作中都可以看到妇女们穿着襦的形象。唐代的妇女们穿的襦是一种狭窄短小的夹衣或棉衣，形制上多采用对襟，衣襟敞开，不用纽扣，下束于裙内。襦袖以窄式为多，紧裹于臂；袖子的长度通常到腕部，有时长过手腕，双手藏于袖内。襦的领型，除了有交领、圆领、方领之外，由于受外来文化的影响，还有各种形状的翻领。翻领为翻折对称的庄重造型，把人的视线导入穿衣者的首脑部位，达到传神的效果。同时领口作为装饰纹样的重点部位，施以镶拼绫锦或刺绣工艺等，加强装饰美，使着装效果更加华美富丽。初唐武周时期和盛唐时期，还流行一种袒领，领口开得很低。从唐墓壁画和墓门石刻画以及大量随葬陶俑中可以看到，袒领女装形象为数很多，如乾陵永泰公主墓的壁画中，女官们的衣领都低至胸部，露出丰腴的颈项与乳房上部。在永泰公主墓前室北壁揭取的《宫女图》图中（图1-50），前面一位侍女头梳高高的半翻髻，身穿红色窄袖长裙，肩披绿色披帛，双手相拢压披帛于腹前；后面一位侍女身着红衣绿裙，双手执高脚杯。虽然，壁画的面部已经剥落，但是不难看出宫女的襦衫是袒领装，露出乳沟。

唐代的襦色彩丰富、面料多样，在唐代虞世南《北堂书钞》[1]中列举了紫襦、紫绮襦、罗襦、绮襦、绣縠襦、金银襦铠、珠襦、布襦8种襦。《全唐诗》中有罗襦、绮襦、锦襦、麻襦的描写，如吴少微的《怨歌行》[2]中咏道："归来谁为夫，请谢西家妇，莫辞先醉解罗襦。"在唐墓壁画中襦的色彩纷呈，多以纯色为主，绝大多数是白色襦，也有红色的，如李凤墓中的《侍女图》；淡蓝色的，如段简璧墓中三天井东壁的《仕女图》、李震墓第三过洞东壁的《逐鸭图》；淡青色的，如新城公主墓《捧果盘侍女图》中右侧的侍女；淡土黄色的，如新城公主墓墓室北壁西幅的《群侍图》右侧一侍女；橘黄色的，如韦贵妃墓室四天井西壁的《双螺侍女图》等。

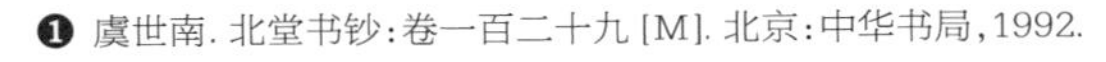

[1] 虞世南. 北堂书钞：卷一百二十九 [M]. 北京：中华书局，1992.

[2] 彭定求. 全唐诗：卷二十 [M]. 北京：中华书局，1979.

初唐时期襦的形制为窄袖短襦，初唐墓室壁画中襦衫几乎都是窄袖短襦，只有少数几幅壁画是特例。如礼泉昭陵新城公主墓第四过洞东壁揭取的壁画（图1-51）中侍女头梳单刀半翻髻，身穿白色圆领窄袖襦衫；燕妃墓中的《捧洗女侍图》（图1-52）等。盛唐以后襦衫的形制慢慢变宽，尤其是袖子，如蒲城李宪墓第一天井西壁的《宫女图》（图1-53）。到了中晚唐时期，这种特点更加明显，襦衫宽大，袖宽往往四尺以上，如杨玄略墓中的侍女，身着宽大的襦衫，袖子十分肥大，长长的遮住手面。

图1-50　永泰公主墓前室北壁揭取的《宫女图》

图1-51　礼泉昭陵新城公主墓

图1-52　燕妃墓中的《捧洗女侍图》

图1-53　蒲城李宪墓西壁的《宫女图》

二、裙

唐代妇女盛行穿裙，制裙的面料多为丝织品，裙子的色彩和款式绚丽多姿。如唐诗中所涉及的诸多裙式有:“上仙初着翠霞裙”“荷叶罗裙一色裁”“两人抬起隐花裙”“竹叶裙”“碧纱裙”“新换霓裳月色裙”等。

唐代的女裙为女子的日常穿着，它的普及率很高，从皇室女子到民间妇女都穿裙。我们从《捣练图》《虢国夫人游春图》等许多传世绘画作品中及历史文献的记载中，都可以看出裙子在唐代服饰中的重要作用。

初唐时期的裙沿袭隋代裙的风格，裙身窄长，较合体。在唐代的早期十分流行条纹裙，初唐墓壁画中的侍女几乎都着条纹裙，只是色彩不同，有红白条纹、红蓝条纹、白蓝条纹等配色方式，在陕西三原李寿墓壁画和长安区郭杜镇执失奉节墓、礼泉昭陵新城公主墓等初唐时期壁画墓中都可以看到大量的穿着条纹裙的女性形象。仅在礼泉昭陵新城公主墓中现存的35幅人物画中就有42人着条纹裙，如新城公主墓墓室北壁揭取的壁画（图1-54）中2名侍女都穿着窄袖短襦配条纹长裙，可见条纹裙多么受女性的喜爱。条纹裙看起来色彩相间，呈条纹状，故得其名，在工艺上分为间裙和晕裙。间裙，是用不同颜色的布料缝制而成；晕裙，是把裙子晕染成数色，如同渐变色阶。条纹裙在南北朝时期就能见到，如甘肃酒泉丁家闸5号墓壁画中的乐舞女子形象。日本高松冢古墓壁画中的侍女形象也都是穿着条纹裙，显然是受到唐文化的影响。但是盛唐时期的墓室壁画中已经看不到条纹裙了，据此推断，条纹裙大概只流行到公元700年左右。除了条纹裙外，也有很多穿着红裙者，如富平吕村李凤墓中的《侍女图》（图1-55），图中侍女就穿着红色曳地长裙。

图1-54　新城公主墓室北壁揭取的壁画

图1-55　富平吕村李凤墓中的《侍女图》

通过对盛唐壁画墓的观察，发现盛唐时期的裙子还不是十分宽大，裙子的下摆拖至地面。唐代诗人孟浩然的《春情》中咏道："坐时衣带萦纤草，行即裙裾扫落梅。"盛唐时期，开始流行各种色彩艳丽的裙子，其中红裙是最为流行的。红裙是用石榴花提炼出来的染料染成，其色亦似石榴花，形亦似石榴花，所以也称石榴裙。唐诗中有大量的诗句记录了这种流行时尚，白居易有"眉欺杨柳叶，裙妒石榴花""山石榴花染舞裙"，唐代诗人万楚有"红裙妒杀石榴花"的名句。除了红裙外，还有杏黄、绛紫、月青、青绿等各种色彩的裙子。色呈绯红色，裙状如荷叶，色泽鲜艳，恰似出水芙蓉的裙子称为芙蓉裙，晚唐著名诗人李商隐《无题》诗中有："八岁偷照镜，长眉已能画。十岁去踏青，芙蓉作裙衩。"以茜草染色而成的茜裙，因为色彩艳丽，在唐代也受到年轻妇女的喜爱，晚唐诗人李群玉《黄陵庙》中写道："黄陵庙前莎草春，黄陵女儿茜裙新。"还有色泽鲜艳的翡翠裙、翠裙，如杜甫的"蔓草见罗裙"，盛唐时期的诗人王昌龄的"荷叶罗裙一色裁"。天宝年间，因为杨贵妃爱穿黄罗银泥裙，所以受到宫廷时尚影响的民间妇女们则更爱穿黄色的裙子。此外，绛裙、白裙、碧裙也受到女性的喜爱，唐代诗人王涯的《宫词》咏道："春深欲取黄金粉，绕树宫娥著绛裙。"

中晚唐时期裙子的裙摆越来越肥大，裙裾越来越长，显示出奢靡的趋势。中唐时期的裙子比初唐时要宽出二分之一，甚至一倍，裙幅以多为佳。其中以六幅湘裙最为流行，有的裙子甚至是七幅或八幅。有学者推测六幅裙子的周长为3.18米左右，八幅裙子的周长是4.15米左右。至唐文宗时，曾下令禁止这种风气，《新唐书·车服志》[1]："唯淮南观察使李德裕令管内妇人衣袖四尺者，阔一尺五寸者，裙曳地四五寸者，减三寸。"

唐代妇女裙子的裙腰系得很高，将衫子的下襟束在裙子里面，上端系在乳房上部，胸以下的身体全部为宽裙所笼罩，显得丰硕健美，身材修长窈窕。唐诗中有这样的描写"慢束罗裙半露胸"，指的就是这种形象。到了盛唐、中晚唐时期，长裙裙腰逐渐系低，裙幅愈来愈宽长。诗人李群玉曾用湘水来比喻裙子的长度："裙拖六幅湘江水，鬓耸巫山一段云。"

唐代女裙的款式变化也很丰富，有条纹裙、金丝裙、金缕裙、芙蓉裙、荷叶裙、六幅罗裙、蝴蝶裙、笼裙、湘裙等。还有毛线或彩锦织成的裙子，如织锦裙、百鸟毛裙等。最为称奇的是安乐公主所穿着的百鸟毛裙，这裙子的奇异之处在于变色。《旧唐书·五行志》[2]记载："中宗女安乐公主，有尚方织成毛裙，合百鸟毛，正看为一色，旁看为一色，日中为一色，影中为一色，百鸟之状，并见裙中。凡造两腰，一献韦氏，计价百万。"

曳地的高腰长裙，使得唐代妇女身材高挑丰硕、亭亭玉立、风姿婀娜、神采飞扬、妩媚动人。在唐代，妇女已经懂得以裙子展现女性的身体韵律之美，难怪女裙在唐代妇女中非常流行。

---

[1] 欧阳修，宋祁，等. 新唐书：卷二十五［M］. 杭州：浙江古籍出版社，1998：265.

[2] 刘昫，等. 旧唐书：卷二十五［M］. 杭州：浙江古籍出版社，1998：130.

三、半臂

在出土唐墓壁画中可以看到，女子们穿着襦裙时，会在外面加一件类似于坎肩、袖长在肘关节上部的衣物，这就是唐代十分流行的“半臂”装。

女性穿着半臂最早可追溯到汉代，但与唐代不同的是，汉代除了对襟袒领之外，还有大襟交领。魏晋南北朝期间，男子有穿着半臂的习俗，女性着半臂者并不多见。直到隋代以后，穿半臂的妇女才逐渐增多，到唐代就更为普及了，成为妇女的一种常服。盛唐时期在襦裙外罩一件“半臂”已成为一种时尚。《新唐书·车服志》[1]：“半袖裙襦者，东宫女史常供奉之服也。”由此可见，唐代女性着半臂始于宫中，后传至民间，成为普通女性的常服。

唐代的半臂是一种短袖对襟上衣，长及腰际，没有纽带，只在胸前用衣襟上的带系住，也有少数“套头衫”式的。半臂的领口有圆领和V领，领口都很低，露出乳沟。一般袖口和下摆加边饰，袖长通常位于上臂。穿时将下摆掩于裙腰内，或围于裙腰外。它的造型特点是，抓住衣袖的长短和宽窄处理，来做审美形式变化的关键；在功能上，减少了多层衣袖带给穿衣者动作上的累赘。所以半臂既合乎美学的要求又具有实用性，对后世服饰造型的发展产生了很大的影响，直到今天，半袖衣仍是现代服装造型的主要形式之一。

唐代的半臂有两种穿法，一种着于短襦之外，这种穿法较为常见，唐墓壁画中的女性都是这样穿着；另一种则先穿半臂，于半臂之上加罩襦袄袍衫，这种穿法一般不引人注意，唐金乡县主墓（724年）中出土的女俑多见这种着装方式。襦裙装外罩半臂的女性形象，常见于初唐、盛唐墓的许多壁画中，如永泰公主墓，章怀太子墓、长乐公主墓、新城公主墓、韦贵妃墓等。乾县永泰公主墓中墓前室东壁北铺揭取的《宫女图》（图1-56）中，九位宫女的身上大多都穿着半臂与襦裙相配。礼泉新城公主墓第四过洞东壁揭取的《侍女图》（图1-57），图中侍女身穿白色襦衫，外套淡青色半臂。盛唐时期李宪墓的墓室北壁《宫女图》（图1-58）中的女子身着淡青色和橘红色半臂，可见半臂是初、盛唐时期十分流行的衣饰。

在中唐时期的墓室壁画中，已经少见女子穿着半臂的形象。到了晚唐时期的墓室壁画中，则见不到穿着半臂的女性形象了，据推测，大概是因为晚唐时期的襦裙过于宽大，不便于在襦裙上加穿半臂了。由此可见半臂流行于初唐、盛唐时期。半臂在新疆阿斯塔纳墓绢画和克孜尔等处的石窟壁画中也可以见到，可见半臂这种形式的外衣，十分适合西域地区昼夜温差较大的气候穿用。

唐代制作半臂的面料主要采用锦，因锦的组织紧密，质地厚实，具有一定的御寒作用，所以适合于制作半臂。《新唐书·地理志》记载，扬州土贡物产有“蕃客袍锦、被锦、半臂锦……”半臂用料和花纹十分考究。唐代诗人李贺的《唐儿歌》中有“银鸾睒光踏半臂”的句子，描写的是一种用银线织出的半臂。新疆阿斯塔纳206号墓出土的女舞俑（图1-59）穿着半臂的面料是当时

[1] 欧阳修，宋祁，等. 新唐书：卷二十五 [M]. 杭州：浙江古籍出版社，1998：165.

十分珍贵且鲜艳夺目的联珠兽纹锦。联珠纹通常被认为是波斯萨珊王朝的一种纹饰。联珠纹锦在吐鲁番阿斯塔纳古墓出土较多，它的组织结构既有经线显花的平纹经锦，又有纬线显花的斜纹纬锦；其纹饰也十分丰富，有联珠对鸭纹锦、对鸡纹锦、对狮纹锦、对鹿纹锦、对熊纹锦、对孔雀纹锦等多种纹饰。这件女舞俑所穿的联珠纹瑞兽半臂衣，两个联珠环分布在前胸两侧，突出了纹饰的美观和装饰的主题，同时流露出东西方文化相互交流的痕迹。

图1-56　永泰公主墓中的《宫女图》

图1-57　新城公主墓第四过洞东壁揭取的《侍女图》

图1-58　李宪墓墓室北壁的《宫女图》

图1-59　新疆阿斯塔纳206号墓出土的女舞俑

四、披帛

披帛又称“帔”，是整个唐代妇女都使用的服饰，在初唐、盛唐、中晚唐各个时期的墓室壁画中，几乎所有穿着襦裙的女子都佩披帛。汉代学者刘熙的

《释名·释衣服》中曰："帔，披也；披之肩背，不及下也。"沈从文先生和周锡保先生在各自的论著中称"帔"为披帛，但是在唐代的典籍中几乎没有披帛的称谓，在本书中，我们且随着两位先生称"帔"为"披帛"。

披帛多以丝绸裁制，上面印画纹样，花色品种丰富；一般都披在女子的肩背上，披戴方式有很多种，有的将其两端垂在手臂旁，一端垂得长些，一端垂得短些；有的将其右边一端束在裙子系带上，左边一端由前胸绕过肩背，搭着左臂下垂，还有的将其两端捧在胸前，披帛会随着女子行动而飘舞，非常优美。在许多传世画作中，如张萱的《捣练图》《虢国夫人游春图》，周昉的《簪花仕女图》，以及唐墓壁画和敦煌莫高窟壁画中都可以看到着披帛的女性形象。懿德太子墓前室西壁南铺的《宫女图》（图1-60）中，七名宫女都披有披帛，可见披帛的魅力之所在。

图1-60　懿德太子墓前室西壁南铺的《宫女图》

披帛这种衣饰，秦汉时期就已经在中原地区出现了，但当时多用于嫔妃、歌姬及舞女，平常女子不佩披帛。从魏晋南北朝时期开始，披帛成为日常女子的衣饰，这从敦煌莫高窟288窟中的北魏壁画女供养人及285窟中的西魏女供养人可以得到证实。到隋代披帛的使用更为广泛，从敦煌莫高窟390窟壁画中的隋代女供养人可以看出，当时的妇女无论是家居还是出行，都喜欢在肩上搭一条帛巾，唐代妇女着披帛就是沿袭了隋代的习俗，至唐开元年间遂演变为广

大妇女的常用服饰。后唐太学博士马缟的《中华古今注》❶中记载："女人披帛，古无其制。开元中，诏令二十七世妇及宝林、御女、良人等，寻常宴参侍，令披画帔帛，至今然矣。至端午日，宫人相传，谓之奉圣巾，亦曰续寿巾、续圣巾，盖非参从见之服。""披帛"之名出现较晚，大约在晚唐以后，在此以前称之为"领巾"。唐代诗文中关于披帛的描写有很多，白居易的《霓裳羽衣歌》就有"虹裳霞帔步摇冠"之诗句。

除了唐朝妇女，波斯及波斯附近的一些国家也使用披帛。《旧唐书·波斯传》载："其丈夫……衣不开襟，并有巾帔。多用苏方青白色为之，两边缘以织成锦。妇人亦巾帔裙衫，辫发垂后。"在欧洲、美国、伊朗等地的博物馆收藏的波斯萨珊王朝金银器图案中，有披着披帛的波斯女子形象，与唐代披帛形式略同，可见披帛这种衣饰在晋唐时期的西亚也十分流行。《大唐西域记》卷二中说印度有"横腰络腋，横巾右袒"的服式。吐鲁番出土文书中有"绯罗帔子""绿绫帔子""紫小绫帔子""白小绫领巾""绯罗领巾"的记载，由此可知西域女子用的披帛质地和颜色多种多样❷。

唐代妇女所披的帛巾，大体上有两种形制：一种布幅较宽，但长度较短，使用时披在肩上，形似披风，从唐墓壁画中的形象资料看到的就是这种类型，如乾县章怀太子墓壁画《观鸟捕蝉图》（图1-61）、《提罐侍女图》（图1-62）中所绘的披帛。另一种帛巾布幅较窄，但是长度有所增加，妇女平时多将其缠绕于双臂，走起路来身后似拖着两条飘带，传世绘画中周昉的《簪花仕女图》（图1-63）、《挥扇仕女图》（参见图1-45）及张萱的《捣练图》所绘的披帛，则属于这种类型。

图1-61　乾县章怀太子墓壁画《观鸟捕蝉图》局部

图1-62　《提罐侍女图》

❶ 马缟. 中华古今注 [M]. 上海：商务印书馆，1953：33.

❷ 阿迪力·阿布力孜. 绚丽多彩的唐代西域女子服饰 [N]. 中国文物报，2005-3-2.

图1-63　周昉的《簪花仕女图》局部（辽宁省博物馆藏）

披帛不仅美化了女性柔美轻盈的身姿，更是表现了唐代女性精致的生活方式，使女性的服饰更加丰富。

五、胡帽

胡帽，指西域少数民族所戴的帽子。胡帽种类很多，有珠帽、蕃帽、貂帽、搭耳帽、毡帽、浑脱帽、卷檐虚顶帽等。胡帽是盛唐女子骑马时所戴的一种帽子。

从考古发掘情况来看，女子戴胡帽的形象资料不太多见，陕西地区的唐墓壁画中也未见女子戴胡帽的形象。在新疆阿斯塔到230号唐墓出土的一幅绢画《乐伎图》（图1-64）中的西域女子形象上可以看到，她头上戴着的高帽子，是胡帽中的“搭耳帽”，这种帽子的主要特征是左右护耳与帽子连为一体，在冬天可以护耳御寒。胡帽的传入与唐朝流行胡乐、胡舞有关，舞蹈时所穿戴的胡服、胡帽成为当时时尚的服饰。从西域古国“石国”传入的“胡腾舞”，舞者就戴着一种虚顶的“织成蕃帽”。“浑脱帽”也是西域胡帽的一种，这种帽子传入中原后，深受王公贵族们的喜爱，西安韦顼墓出土的石刻线画中的女侍就头戴浑脱金锦帽，有的还用动物的毛皮镶边，可以起到御寒的作用。

胡帽流行在开元、天宝年间，到了安史之乱之后逐渐退出唐朝服饰的舞台。

六、幞头

幞头，是一种包头用的布帛。早在东汉时就流行男子带幞头，至魏晋以后更为普及，几乎成为男子主要的首服。到北周武帝时，将这种幅巾做了修饰和加工，“裁出脚后幞发”，故称之为“幞头”。经过裁制的布帛有四个角，四角皆为带状。在用布帛裹发时，先将前面的两个角包过前额，绕至脑后结带下垂，状如两根飘带。另外的两个角则由后向前，自下而上，曲折附顶，于额上

系结。由于这两个角是反曲折上在额上系结，所以又称“折上巾”。

唐代是幞头的盛行时代，幞头的样式也富于变化，巾子由低到高，先后经历了“平头小样”“武家诸王样”“开元内样”等。幞头后面的两角也有长短不同的形制和软、硬角之分。幞头袍衫是隋唐时期男子于一般场合中最主要的服饰，由于唐代女子喜着男装，于是幞头便成为男女都盛行的冠帽形制。在许多唐墓壁画、礼泉郑仁泰墓（664年）出土的女俑以及张萱的《虢国夫人游春图》中，都可以见到头裹幞巾的女子形象。与传世绘画不同的是，在唐墓壁画中一般头带幞头、身穿圆领窄袖袍的女子都是男装女侍。

在高宗时期，妇女系裹幞头、着袍衫的女着男装形象就已经出现了。从中我们可以看出，唐代女子标新立异、大胆追求的潇洒风姿。与历史文献中记载不同的是，从出土的唐墓壁画来看，女子头戴幞头的时间还要提前些。如初唐新城公主墓、韦贵妃墓、燕妃墓、阿史那忠墓、李爽墓、房陵大长公主墓、李凤墓等墓中的壁画就已经有这种形象出现了。昭陵韦贵妃墓出土的《拱手男装女侍图》（图1-65），图中女侍头戴黑色幞头，身穿红色圆领窄袖袍。昭陵阿史那忠墓出土的《捧果盘男装女侍图》（图1-66），图中侍女头戴黑色软角幞头，身穿白色圆领窄袖袍。

图1-64　阿斯塔纳230号唐墓出土的绢画《乐伎图》（新疆维吾尔自治区博物馆藏）

图1-65　昭陵韦贵妃墓的《拱手男装女侍图》

图1-66　昭陵阿史那忠墓的《捧果盘男装女侍图》

七、幂篱

幂篱，是一种遮盖头部之巾，从头上下垂将全身都罩在里面，一般为黑色纱网。周锡保先生认为，它是来自北方民族的服式，时间是北魏前后。因西北地区多风沙，所以用幂篱来遮蔽风沙的侵袭，不分男女均可用之。《隋书·西域传》载：“其王公贵人多戴幂篱”，由此可见唐代女子戴幂篱，是沿袭了隋朝的旧制。现藏于日本东京国立博物馆出土，于吐鲁番古墓的《树下人物图》中的女子正在将右手高举，卸去头上的幂篱。从图中可以看出这个幂篱用黑色布帛制成，露出眼睛和鼻子，将嘴部和胸部遮蔽。

着幂篱的唐代女性形象在唐代出土的陶俑和敦煌壁画以及绘画作品中有所体现，如昭陵燕妃墓后甬道南口外西侧的《捧幂篱女侍图》（图1-67），图中一名女侍双手捧着幂篱。

幂篱在西域主要用来遮挡风沙、扬尘，但传到中原后，因与儒家经典《礼记·内则》中“女子出门，必拥蔽其面”的封建意识相结合，幂篱的功用就变成防范路人窥视妇女面容了。《旧唐书·舆服志》记载：“武德、贞观之时，宫人骑马者，依齐、隋旧制，多著幂篱，虽发自戎夷，而全身障蔽，不欲途路窥之。”可见唐初中原地区女子戴幂篱，主要是防止别人观看。但是沈从文先生在《中国古代服饰研究》中提出：“反映与唐代画塑作品中的着幂篱与帷帽的女性形象的脸部少有遮蔽，和不欲人窥视不尽符合。”[1]这一点可以从新疆阿斯塔纳古墓出土的女俑、敦煌壁画、《明皇幸蜀图》、《唐人游春山图》中看出。所以着幂篱与帷帽与唐代贵族妇女有意突破传统习惯和标新立异有关。

图1-67 昭陵燕妃墓后甬道南口外西侧的《捧幂篱女侍图》

八、鞋履

唐代女鞋是以履的形式出现，可分为高头和平头两种形制。高头履又称翘头履，鞋头上翘，古有饰足为礼之说，故履头上的装饰非常讲究、式样繁多，并配有各种绣花纹饰。这种前端上翘的高头履，可以承托曳地长裙，以便行走方便。平头鞋有麻鞋（线鞋）、蒲鞋、皮鞋等多种质地的鞋履。官服中，鞋履一般有制度规定，女官的鞋一般为“高墙履”；如高出方片是有分段花纹的，称重台履，永泰公主墓东壁南铺的《宫女图》（图1-68）中，九位宫女穿的就是重台履。

[1] 沈从文. 中国古代服饰研究[M]. 上海：上海书店出版社，2005：290.

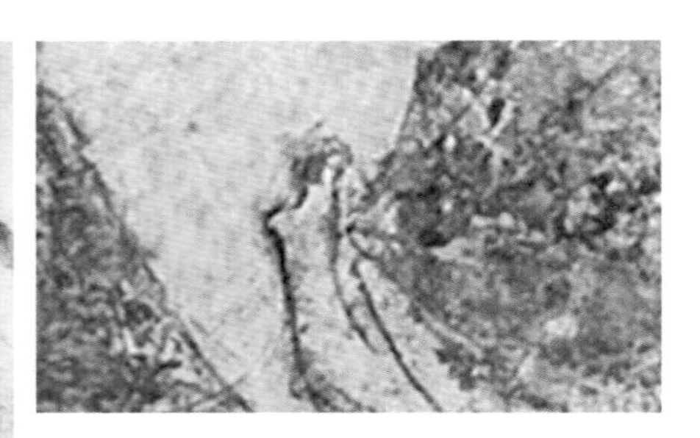

图1-68　永泰公主墓东壁南铺的《宫女图》
图片来源：冀东山，《神韵与辉煌——陕西历史博物馆国宝鉴赏·唐墓壁画卷》，三秦出版社，2006年，第108页。

在出土的唐墓壁画中，妇女脚下所穿的女鞋，大多以两种形式出现，一是穿襦裙装配高头履、便鞋；二是穿男装或胡服配线鞋、靴。

穿线鞋的形象在唐代绘画作品和唐墓壁画中有诸多的反映，画家阎立本的《步辇图》中的宫女们，全都穿着麻鞋，李爽墓、新城公主墓、房陵大长公主墓出土的壁画上也都有穿麻鞋的形象，如富平房陵大长公主墓的《捧花男装侍女图》（参见图1-11、图1-69）和《捧瓶侍女图》（图1-70），图中侍女身穿翻领胡服、脚着线鞋。在新疆阿斯塔纳187号墓出土的《弈棋仕女图》中的侍女也穿了这种线鞋。但线鞋并不是西域的传统鞋履，是从内地传入的，只不过在唐朝，线鞋是京城里贵族妇女时尚的奢侈品，如《旧唐书·舆服志》载："武德来，妇人著履，规制亦重，又有线靴。开元来，妇人例著线鞋，取轻妙便于事，侍儿乃著履。"

在唐墓壁画中，妇女脚下所穿最多的还是高头履。此履鞋头高翘，有高头、平头、云头、花形、重台、如意等式样，通常这种履是配襦裙装穿着的，因为穿着长而宽大的裙子走起路来很不方便，所以让履头钩住长裙的下摆才能迈步走路。

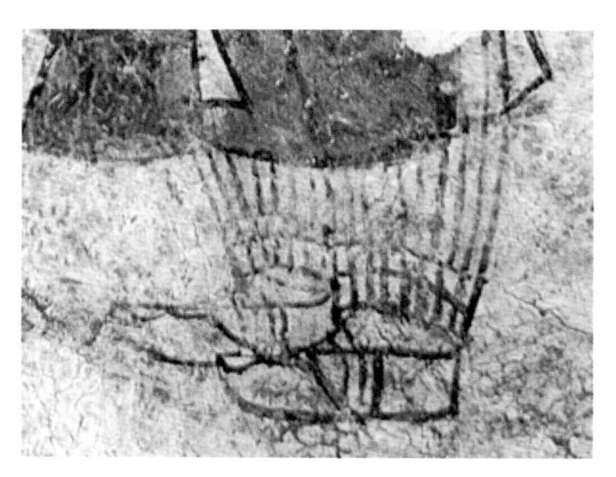

图1-69　富平房陵大长公主墓的《捧花男装侍女图》局部

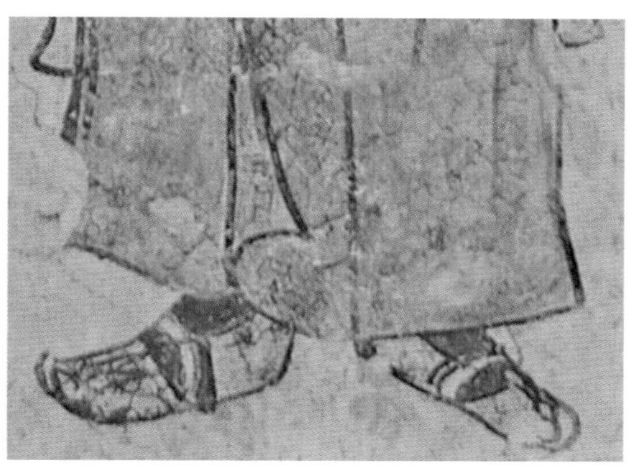

图1-70　富平房陵大长公主墓的《捧瓶侍女图》

在高头履中，云头履、尖头履和如意履是唐墓壁画中女子穿着最多的样式，如初唐新城公主墓、李爽墓、房陵大长公主墓、懿德太子墓、韦贵妃墓、燕妃墓、阿史那忠墓，盛唐李宪墓、高元珪墓，中唐韦氏家族墓中的女子都有穿着这三种鞋履的。昭陵房陵大长公主墓前室东壁揭取的壁画《托盘侍女图》（图1-71）中侍女上着黄色窄袖襦，下系红色长裙，足蹬如意云头履。富平吕村李凤墓的《侍女图》（图1-72）中，前两名女子均着尖头履。乾陵永泰公主墓前室北壁西侧的《宫女图》（图1-73）中，宫女足上穿的是如意履。除此之外，昭陵李思摩墓中的女侍还穿有圆头履（图1-74），昭陵段简璧墓中女侍穿有方头履（图1-75），乾陵章怀太子墓（图1-76）、昭陵韦贵妃墓和燕妃墓中女子穿有高头履。

图1-71　昭陵房陵大长公主墓前室东壁揭取的壁画《托盘侍女图》

图1-72　李凤墓的《侍女图》

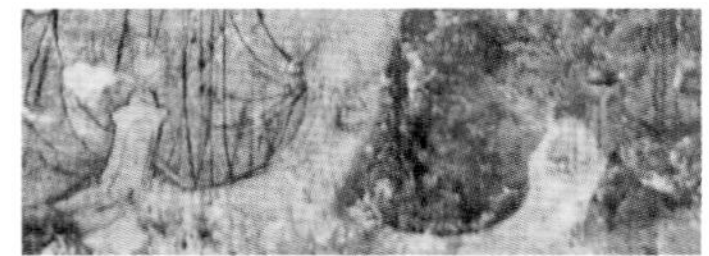

图1-73　永泰公主墓前室北壁西侧的《宫女图》

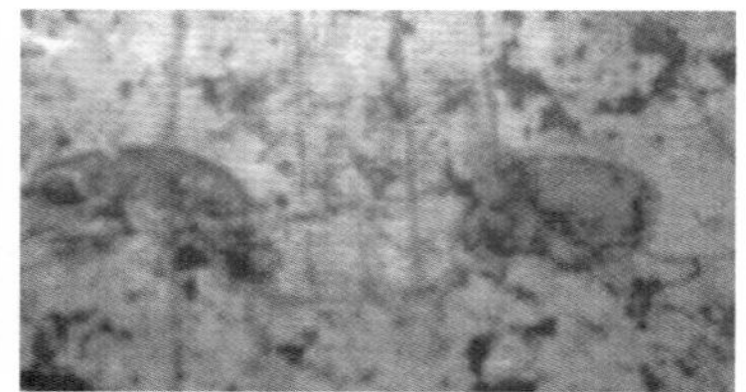

图1-74　昭陵李思摩墓中的女侍

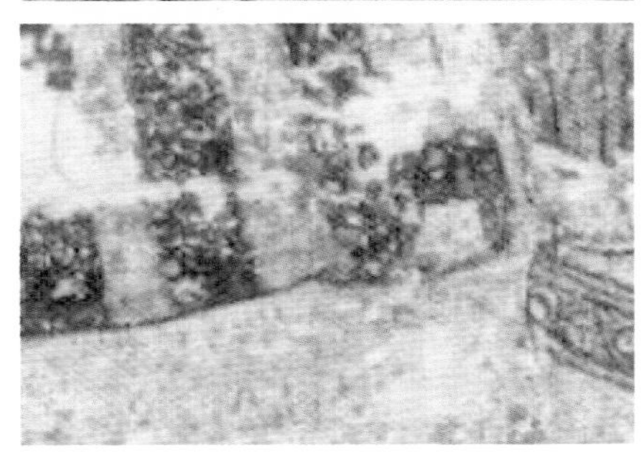

图1-75　昭陵段简璧墓中女侍穿有方头履

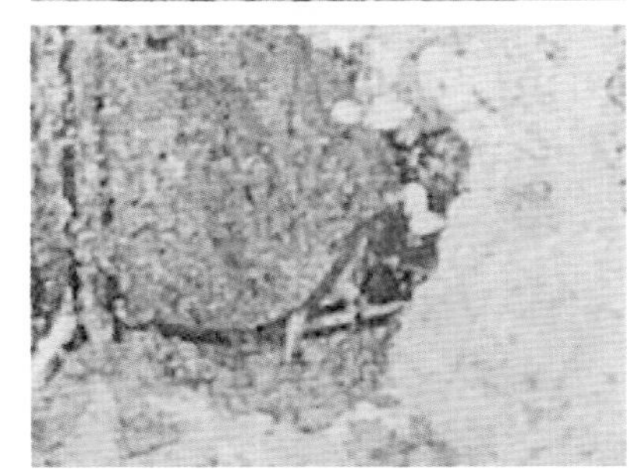

图1-76　乾陵章怀太子墓的壁画

在新疆阿斯塔纳唐墓中有翘头履的实物出土，如阿斯塔纳381号墓出土的一双唐代变体宝相花云头锦鞋（参见图1-9），长29.7厘米、宽8.8厘米、高8.3厘米。这双云头锦鞋充分展示了唐代中期织锦、配色、显花三者结合的艺术成就，是唐代衣物中极为罕见的精品之一。

唐代的女子还穿靴，一般着男装时配袍衫和胡服。从唐墓壁画中反映，这种穿着多为宫廷地位较低的女侍，这点与史书中的记载不谋而合，《中华古今注》云："至大历二年，宫人锦勒靴侍于左右。"这种形象在乾陵永泰公主墓、章怀太子墓、懿德太子墓、昭陵段简璧墓等许多墓的壁画中均有发现，如段简璧墓的《三仕女图》（图1-77）中的男装女侍就穿着黑色的长筒靴；韦贵妃墓的《袖手男装女侍图》（图1-78）中的男装女侍身着橘红色圆领袍服，脚穿黑色长筒靴。通过分析，在现存的唐墓壁画中穿圆领袍衫的男装女侍大多穿靴，但是穿胡服的男装女侍穿线鞋和软鞋的居多，穿靴者少。史书上记载这种着装方式流行于中晚唐时期，但事实上出现得早一些，在初唐的壁画中这种形象就已经很多，而中晚唐时的壁画墓中则较为少见，可见一般妇女已经不这样穿着了，但歌舞伎还是这样穿着。唐代女子好骑射，骑马时一身男装配软靴，显现

出女子的飒爽英姿。

考古工作者们还在新疆阿斯塔纳唐墓中发现了用蒲草编织的蒲鞋，这种鞋子也是由中原传入的，多为百姓暑天所穿。如《梁书·张孝绣传》称："孝绣性通爽，不好浮华，常冠谷皮巾，蹑蒲履。"在唐墓壁画中没有女子穿着这种蒲鞋，而在五代画家顾闳中所绘的《韩熙载夜宴图》(图1-79)中可以看到当时蒲鞋的具体形象。皮鞋在唐墓壁画中也没有女子穿着，但是从新疆阿斯塔纳唐墓出土了八双女皮鞋的实物，鞋底用粗麻线编织，鞋面用皮革，鞋内衬毡，

图1-77　段简璧墓的《三仕女图》

图1-78　韦贵妃墓的《袖手男装女侍图》

图1-79　五代画家顾闳中所绘的《韩熙载夜宴图》局部(北京故宫博物院藏)

用麻线缝缀，显得结实耐用[1]。

在唐代的不同时期，鞋履也有不同的流行时尚，如武德年间妇女穿履及线靴，开元初有线鞋、大历时有五朵草履子、建中元年有百合草履子、文宗时有高头草履，此外还有金薄重台履、平头小花履等。《新唐书·车服志》云："妇人衣青碧缬，平头小花草履，彩帛缦成履……及吴越高头草履。"

大唐服饰以其开放、包容、博大、兼容并蓄的时代精神，丰富多样的款式、质地精良的面料、艳丽多姿的色彩，独特浪漫的风格及深厚的文化内涵影响着后世和周边国家，在中华民族服饰文化史及世界服饰史上都具有十分重要的地位。

❶ 阿迪力·阿布力孜. 绚丽多彩的唐代西域女子服饰 [N]. 中国文物报，2005-3-2.

02

第二章 唐代女性服饰形制研究

第一节　概述

纵观中国古代文明史，唐代服饰艺术尤其引人注目，特别是唐代女子服饰，更在我国服装史上谱写了令人不可忽视的华彩篇章，独具承前启后的创新特色。唐代妇女服饰用色更为大胆、款式更为多样、面料更是一扫秦汉以来的旧风，表现出薄、露、轻、透的特点。[1]再辅以饰品艺术的高度繁荣，使得服饰这一概念更为丰盈生动。“六宫粉黛无颜色”“碧云仙曲舞霓裳”，既是对唐代女子妆容衣着的绝赞，也是对盛唐气象的概叹。但如果我们沿着唯物史观的角度深究下去，不难发现之所以唐代服饰呈现出如此光艳辉煌的景象有其必然原因。贞观之治和开元盛世让中国向世界敞开了大门，稳定开明的政局创造了强盛的国力，万邦来朝、五胡入贡，多元化的文化交融，经济、贸易、宗教的碰撞，加速了唐朝服饰尤其是妇女服饰的演进，开创了襦裙胡服相得益彰、女着男装蔚然成风的全新局面。

由于唐代的社会风气开放，妇女的社会地位得到提升，唐代女子也具有一定的家庭地位。女性相较于其他时代拥有更高的地位，在唐代宫廷妇女的参政与干政现象中表现得较为明显。妇女的社会角色较以往更加丰富多彩，深刻影响到唐代妇女的服饰，由此本章将依照妇女的阶层分类方式来分析其服饰特点。

❶ 刘文娜. 唐代妇女服饰研究 [D]. 南京：南京师范大学，2011：18.

第二节 唐代女性服饰形制特征

《周易·系辞下》:“黄帝尧舜垂衣裳而天下治，盖取诸乾坤。”它将服饰与治理天下紧密地联系起来，从而揭示了中国古代服饰具有十分重要的社会政治功能及伦理教化功能。服饰制度作为中国古代制度的重要组成之一，每逢改朝换代，皇帝都要改制重订本朝的服饰以区别于前朝，“改正朔，易服色”就是要首先从服饰上改变统治群体的面貌，表示与前朝和异域划清界限。《新唐书》中曾提到唐代初期由于各项制度还未健全，所以服饰制度依然保留隋代旧制，后妃女性服饰也是如此，“唐初受命，车、服皆因隋旧。武德四年，始著车舆、衣服之令，上得兼下，下不得拟上”[1]，服饰制度才有了唐代本朝的规定，并且服饰制度等级森严，等级低的人不得僭越等级高的人，后妃服饰也严格遵照这样的等级制度。

一、帝后服饰

在唐代的宫廷中，以太皇太后、皇太后、皇后的身份最为尊贵，其他后妃的地位依等级而定。在文献资料及留传史料中，关于皇后的记载最为详细，且有唐法规定，太皇太后及皇太后的礼服制度基本与皇后的一致，故以皇后为例介绍其服饰特点。

（一）帝后礼服

《武德令》有:“皇后服有袆衣、鞠衣、钿钗礼衣三等。”除此之外，唐代的典籍《旧唐书》《新唐书》中亦有记载。

《旧唐书·舆服志》记载:“袆衣，首饰花十二树，并两博鬓，其衣以深青织成为之，文为翚翟之形。素质，五色，十二等。素纱中单，黼领，罗縠褾、襈，褾、襈皆用朱色也。蔽膝，随裳色，以緅为领，用翟为章，三等。大带，随衣色，朱里，纰其外，上以朱锦，下以绿锦，纽约用青组。以青衣，革带，青袜、舄，舄加金饰……受册、助祭、朝会诸大事则服之。”[2]袆衣，其款式由外衣和内穿衬袍构成，衬袍有领，外衣上系有蔽膝、革带和大带，足穿舄。

《旧唐书·舆服志》记载:“鞠衣，黄罗为之。其蔽膝、大带及衣革带、舄随衣色。余与袆衣同，唯无雉也。亲蚕则服之。”[2]鞠衣，由蔽膝、大带、革带和舄构成，其款式与袆衣相同，唯有服饰图案不同。鞠衣是皇后在亲蚕时所穿礼服。

《旧唐书·舆服志》记载:“钿钗礼衣，十二钿，服通用杂色，制与上同，唯无雉及佩绶，去舄，加履。宴见宾客则服之。”[2]钿钗礼衣款式与鞠衣相同，面料颜色及图案装饰不同，足穿履。皇后宴见宾客时穿着细钗礼衣。

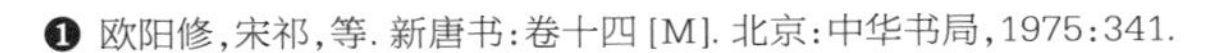

[1] 欧阳修，宋祁，等. 新唐书：卷十四［M］. 北京：中华书局，1975：341.

[2] 刘昫，等. 旧唐书：卷四十五［M］. 北京：中华书局，1975：1330.

（二）《唐后行从图》中的武则天服饰

《唐后行从图》据传为唐代张萱所绘，也有学者认为该幅画为宋人所作，说法不一，但可以确定的是作品描绘了唐代武则天仪仗出游皇家御园的场景。画面中共有二十八人，两位金吾卫士待立于武则天两旁，身披铠甲、手持斧钺，武后周围簇拥着太监和宫娥，亦称“女官”，女官皆穿男装，但从女官的耳饰或配饰等细微之处可以判断为女性而非太监。根据画面的掌扇、华盖和鸣鞭等出行仪仗形式及两位太监所抬金龙莲花山香薰，可以判断此仪仗属于小驾卤簿，一般用于皇帝巡幸宫苑、上下朝堂（图2-1）。

画中武则天的服饰，根据文献判断不属于礼服应为常服。其头戴红色九凤皮弁冠，见于北宋聂崇义的《三礼图》；身着玄衣纁裳，深青色交领右衽礼衣，红黑色领缘，脚踏云头加金饰赤舄，见于《隋书》卷二十；卷草纹团领白色中单（褙子）领、宽袖、深交襟；玄衣肩背部有背章，领部交叉，领与袖都做黻纹，腰部系有革带，带头饰牌与方铐均为玉质，革带之下是红地金凤纹蔽膝，前有两条大带，下着红绿相间条纹裙，两侧有佩玉及绶（图2-2）。

图2-1　唐后行从图（收藏家陆忠藏）

图2-2　唐后服饰款式图（牛蕊婷绘制）

二、贵族女性服饰

唐代的贵族女性指的是身处宫廷和上层社会的妇女。前文已将皇后服装单另讲述，故此处不包含皇后及等级更高的贵族女性。

（一）贵族女性礼服

根据《旧唐书·舆服志》与《新唐书·车服志》对贵族女性服饰的记载，将其分为六类："翟衣、钿钗礼衣、礼衣、公服、花钗礼衣、大袖连裳。"[1]

翟衣，《新唐书·车服志》记载为："翟衣者，内命妇受册、从蚕、朝会，外命妇嫁及受册、从蚕、大朝会之服也。青质，绣翟，编次于衣及裳，重为九等。青纱中单，黼领，朱縠褾、襈、裾，蔽膝随裳色，以緅为领缘，加文绣，重雉为章二等。大带随衣色，以青衣，革带，青袜，舄，佩，绶，两博鬓饰以宝钿。"[1]翟衣是内外命妇受册、从蚕、朝会之时所穿的礼服。其款式为外衣内穿衬袍，衬袍有领。衣服上系有蔽膝、大带、革带、佩、绶，脚穿袜子，鞋为舄。

钿钗礼衣，《新唐书·车服志》记载为："钿钗礼衣者，内命妇常参、外命妇朝参、辞见、礼会之服也。制同翟衣，加双佩、小绶，去舄，加履。"[1]钿钗礼衣是内外命妇朝见皇帝、外命妇辞见、礼会之时所穿的礼服。与翟衣款式基本一致，不同的是佩戴双佩、小绶；足穿履，而非舄。

礼衣，《新唐书·车服志》记载为："礼衣者，六尚、宝林、御女、采女、女官七品以上大事之服也。通用杂色，制如钿钗礼衣，唯无首饰、佩、绶。"[1]礼衣是六尚、宝林、御女、采女、七品以上女官所遇大事之时而穿着的礼服。礼衣与钿钗礼衣款式相同，服装颜色不同，而且没有首饰、佩与绶这些装饰之物。

公服，《新唐书·车服志》记载为："公服者，常供奉之服也。去中单、蔽膝、大带，九品以上大事、常供奉亦如之。半袖裙襦者，东宫女史常供奉之服也。公主、王妃佩、绶同诸王。"[1]公服是女官日常生活供奉时所穿服饰。款式与礼衣相似，只是没有内穿衬袍、蔽膝和大带。太子东宫内史日常供奉穿着半袖裙襦。

花钗礼衣，《新唐书·车服志》记载为："花钗礼衣者，亲王纳妃所给之服也。"[2]花钗礼衣是亲王纳妃时王妃所穿的婚礼服。其款式没有明确的说明。

大袖连裳，《新唐书·车服志》记载为："大袖连裳者，六品以下妻，九品以上女嫁服也。青质，素纱中单，蔽膝、大带、革带，袜、履同裳色，花钗，覆笄，两博鬓，以金银杂宝饰之。庶人女嫁有花钗，以金银琉璃涂饰之。连裳，青质，青衣，革带，袜、履同裳色。"[2]大袖连裳，是六品以下九品以上官员结婚时妻子或嫁女时女儿所穿的婚礼礼服。外衣内穿素纱中单，衣服上系有蔽膝、大带及革带，足穿袜与履。普通百姓女儿出嫁所穿服饰与大袖连裳款

[1] 欧阳修，宋祁，等. 新唐书：卷二十四[M]. 北京：中华书局，1975：523.

[2] 同[1]：524.

式相差不多，唯有头饰不同，并且缺少素纱中单、蔽膝及大带。

（二）贵族女性常服

贵族女性常服在中国绘画史上最早可见于北宋的仕女画。北宋郭若虚《图画见闻志》载："若论佛道、人物士女、牛马，则近不及古；若论山水、林石、花鸟、禽鱼，则古不及近。"此处"士女"通"仕女"，可以理解为与士大夫阶层对应的女性，即本文所指的贵族女性。

常服，即通常之服，相对于礼衣，指的是人们平日所穿的服饰。郑玄笺："戎车之常服，韦弁服也。"后通称日常所穿之服，与"礼衣"相对。《中华古今注》有："（幞头）盖庶人之常服……唐侍中马周更以罗代绢……百官及士庶为常服。"❶诸多记载可见，唐代贵族妇女穿着的常服为衫（襦）、裙、帔。

衫，《释名·释衣服》记载："衫，芟也，芟末无袖端也。有里曰复，无里曰禅。"❷由此可知衫是单衣，没有袖端，是人们夏季穿着的衣服，没有里衣。

《释名·释衣服》有："单襦，如襦而无絮也……"❷即是说单襦中不添加棉絮。

裙，多意为下裳。《释名·释衣服》曰："裙，群也，连接裾幅也。"❷即裙是由多幅布帛拼接缝制而成。

帔，《释名·释衣服》有："帔，披也，披之肩背，不及下也。"❷可见帔同披，是一种披于肩背上的长条状的装饰物。帔的形状在唐代的不同时期有所不同，初唐窄长，盛唐相对宽短，晚唐较长。帔的材质一般为罗、绢、锦的丝织物。

除了这些常服之外，盛唐贵族妇女的着装开放大胆，尤其喜爱穿着男装与胡服，而且女着男装在唐代宫廷已经成为一种时尚。《中华古今注》记载："至天宝年中，士人之妻著丈夫靴、衫、鞭、帽，内外一体也。"❸至天宝年间，女着男装已为普通百姓所接受和喜爱，女子穿着丈夫的靴、衫以及鞭、帽。由现在发掘的古迹可知，唐代女着男装现象的普遍性从大量的墓室壁画和绘画以及陶俑上出现的女着男装及胡服的形象中得到证实。

（三）唐敦煌壁画《乐廷环夫人行香图》中的乐廷环夫人服饰

唐敦煌壁画《乐廷环夫人行香图》位于敦煌壁画第130窟，记录了开元、天宝年间时任太原都督乐廷环夫人王氏及其家属行香的场面，画面中的贵族女性体态丰腴，着命妇盛装，钗光鬟影，花团锦簇，衣着华丽，场面宏大。

图中重点绘制了盛装两妇人，沈从文先生认为，两位命妇穿着为钿钗礼衣，唐代的钿钗礼衣等级礼服，在比较重要的情形下方可穿戴，在传世画迹中所见着实不多，而保留于敦煌壁画中的却不少，有的时间虽属于晚唐，地区比较偏僻，因之还依旧保留中原旧制，接近开元、天宝规模。❹

按照文献，钿钗礼衣的形制明显与乐廷环夫人的穿着有所不同。关于这些敦煌供养人形象，考古界有学者认为就是襦裙装。

---

❶ 马缟. 中华古今注［M］. 北京：中华书局，1985：22.

❷ 刘熙. 释名［M］. 北京：中华书局，1985：79.

❸ 同❶：17.

❹ 沈从文. 中国古代服饰研究［M］. 北京：商务印书馆，2017：382.

如图2-3中右一女性应为乐廷环夫人，她两鬓装饰着金翠花钿，发髻为蓬松的义髻，上身着襦，下身着长裙，足穿翘头履。襦外着半臂，样式为对襟，长度在腰线以上，领口为V型领，领口较低，半臂袖长在肘关节之上。肩披披帛，其中一端系于半臂缨带间，另一端垂于手臂前方。随着唐朝丝绸工艺的进步，命妇的丝绸服装更加华贵，面料上布满了花纹图案，由于壁画年代久远显示不清，无法判断其装饰工艺。

图2-3　唐敦煌壁画《乐廷环夫人行香图》（敦煌壁画第130窟）

与永泰公主墓壁画中的女官相比，乐廷环夫人的襦裙装款式略有差别，永泰公主墓壁画中的女官所穿半臂露于长裙之外，衣长在腰线与臀线之间，以对襟为主，中间系有缨带，领口开得较低袒露胸部；乐廷环夫人所穿的半臂衣身下端系于裙内，且裙腰高及乳下，领口为V型领但并不袒露胸部；内穿的襦袖长更长，且袖口不再是窄袖，相对较宽（图2-4）。

图2-4　乐廷环夫人服饰款式图（牛蕊婷绘制）

（四）《虢国夫人游春图》中的虢国夫人服饰

《虢国夫人游春图》据传为唐代张萱的绘画，现存版本为宋代摹本。画面描绘的是天宝年间，杨贵妃的三姐虢国夫人及其眷从盛装出游的场景。画面中一行人等，看其装扮便可知，领头的是中年从监，第二人是一位年轻侍女，她后方又是一位中年从监。后面的五骑中前面两位即为虢国夫人与韩国夫人（图2-5）。

图2-5　虢国夫人游春图（辽宁省博物馆藏）

画面的中心是虢国夫人，她骑于马上，面庞丰润，头梳抛家髻，淡描蛾眉，略施脂粉。她上着淡青色短襦，肩披白色披帛，下着红色描金花裙装，裙下露出红色的绣鞋。值得注意的是，虢国夫人的披帛穿戴方式与众不同，一端搭于肩上，另一端缠于腰部一周，再绕过后背搭于肩上，垂于胸前腋下（图2-6）。虢国夫人左侧并行的是韩国夫人，她的装束与虢国夫人基本相同只是衣裙的颜色不同，并且色调偏暗。

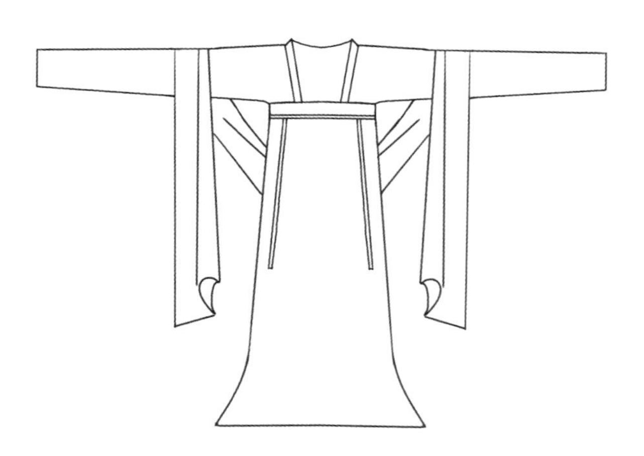

图2-6　虢国夫人服饰款式图（牛蕊婷绘制）

在虢国夫人姐妹之后还有三骑横列。居中的是老年侍女，怀中还坐着一位女童。侍女右侧是一位中年从监，左侧是一位年轻侍女，与前面第二位服饰基本相同。

（五）《簪花仕女图》中的仕女服饰

《簪花仕女图》据传是唐代画家周昉绘制的一幅绢本设色画。画面描绘了六位宫廷贵族妇女及其侍女赏花游园的场景（图2-7）。

图2-7　簪花仕女图（辽宁省博物馆藏）

画中左起第一位贵族妇女体态丰盈，发髻高耸，缀有一朵牡丹花，发髻上饰有步摇。她面庞红润，描黛眉，眉间有花钿装饰。她身披淡紫色罩衫，衫上有龟背纹样；下着红色长裙上有团状纹样，披帛为白色，上面亦隐约可见纹样。

画中左起第二位妇女身形较小，发髻上缀有海棠花，脖子上有金色项圈，身着红色罩衫，罩衫下露出白色裙边。披帛绕于肩后垂于身前，透过宽大的衫子可见其双手相叠于腹前掩住披帛。

画中左起第三位贵族女性体态丰硕，发髻中插有荷花，身披白色罩衫，上有格子纹样，内穿红色长裙曳于地面，肩披紫色披帛上饰有青色纹样。

画中左起第四位女性手持长柄团扇。她的发髻与装扮都说明她的身份是一名侍女，她的发髻高梳，发饰较少，只有红色的带状束发装饰及少量发簪。她身穿淡红色的罩衫，领子为交领，与其他贵妇皆不同，领子里面露出红色内衣，罩衫的外侧在腰腹部松松的束有一圈白色纱巾，并系结垂于身前。脚穿白色软底鞋，也与其他几位贵妇的重台履有所不同。

画中左起第五位仕女的装扮最为引人注目，她的发髻高耸，上面缀有红色花朵，轻薄的罩衫上有白色纹样，内穿低胸红色长裙，裙长曳地，红裙上饰有紫绿色团状纹样，紫色的披帛交叉搭于手臂，披帛上隐约可见彩色纹样。裙腰间还束有一条纱巾，勾勒出丰盈的体态，显得楚楚动人（图2-8）。

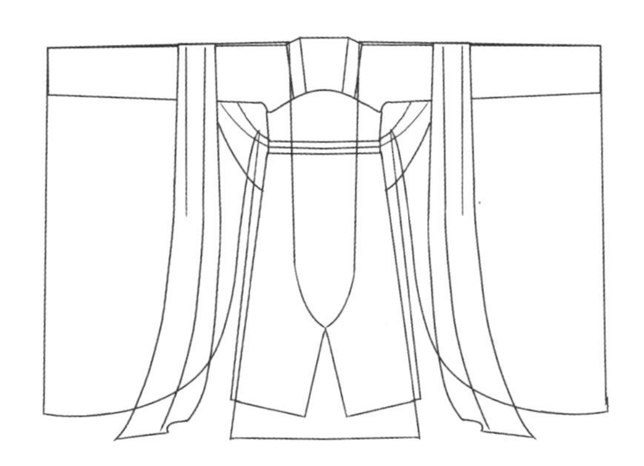

图2-8　簪花仕女服饰款式图（左五仕女，牛蕊婷绘制）

画中左起最后一位贵族仕女，发髻间装饰有芍药花，紫色罩衫内穿红色长裙，身披白地披帛，上面绘有彩色纹样，从肩后垂于胸前。

（六）《宫乐图》中的贵族女性服饰

《唐人宫乐图》原名《宫乐图》，疑似元人所画，但图中人物服饰及用具都与晚唐时期的情况形似。画中描绘了一群宫女围绕桌案宴饮奏乐的场景，画中有十二位女性，看其装扮其中贵族妇女十人，侍女两人（图2-9）。

图2-9　宫乐图（中国台北故宫博物院藏）

细看十位贵族妇女，她们的发髻各不相同，有的偏向一侧下垂为坠马髻，也称抛家髻，有的分向两边梳于耳后成球形的垂髻，有的头戴花冠，有的发髻上插有多把小梳子和花钿。贵妇的妆容是典型的元和“时世妆”。白居易在《江南喜逢萧九彻，因话长安旧游，戏赠五十韵》诗中有：“时世高梳髻，风流澹作妆。戴花红石竹，帔晕紫槟榔。鬓动悬蝉翼，钗垂小凤行。拂胸轻粉絮，暖手小香囊。选胜移银烛，邀欢举玉觞。炉烟凝麝气，酒色注鹅黄。急管停还奏，繁弦慢更张。”诗中描述的正是贵族妇女们饮酒欢娱的场景，与此画中情景十分相似。她们身穿襦裙装，面料上有大撮晕缬，下着高胸裙装束于短襦之外，肩披披帛，细长条状的披帛或披于肩上，或垂于胸前。

三、侍女服饰

在对唐朝女性服饰进行研究时，有一组形象呈现出与其社会阶层和历史地位截然不同的迥异表现，这组形象就是唐朝侍女阶层。

此处所指唐侍女主要以侍奉君王后妃的女子为主，也掺杂部分达官贵人及贵族家中的近身女侍者，正如唐诗人温庭筠《郭处士击瓯歌》中所写：“宫中近臣抱扇立，侍女低鬟落翠花。”但由于侍女虽常伴主人身侧，但事实上其社会地位并不高，所以将其视为生活条件较为优渥的平民女子也算恰如其分。从我国多处考古发掘遗址出土的文物来看，在“视死如生”的观念影响下，墓中随葬及装饰为后世研究侍女服饰提供了较为全面翔实的资料。

而从以敦煌莫高窟壁画群为首的众多精美唐代壁画、绘画、石雕、塑像等艺术作品中展现的形象来看，侍女服饰同唐代女性服饰一样，同样经历了初唐、盛唐、中晚唐的历史变化，服饰特征也几经改变，但都与贵族、仕女服饰的变化趋势保持一致。一些典型服饰结构因在繁复华丽的贵族、仕女图中未能体现，却在较为简洁的侍女服饰中清晰出现，这对侍女服的历史研究具有重要意义。[1]

（一）《步辇图》中的侍女服饰

《步辇图》（参见图1-27）是由唐代画家阎立本绘制的，据传为宋代摹本，现藏于北京故宫博物院。画中描绘了贞观十五年松赞干布为了迎娶文成公主入藏，唐太宗李世民接见吐蕃使者禄东赞的场景，并将这次重要的会面记录下来。画面中宫女头部发式如一般隋画常见样式[2]，上部平起作云皱，变化不多。衣小袖长裙，作“十二破”式，朱绿相间；上至胸部高处，也是隋代及唐初常见式样；加披帛，用薄纱做成。穿小脚口条纹袴，透空软锦靴，为唐初新装。戴长蛇式绕腕多匝的金镯，即唐诗中常提到的“金跳脱”。

前文所述唐初因受隋制影响，贵族妇女喜穿间色裙，图2-10中所示为李寿墓北壁东侧的女乐图，图中的乐女头上平起作云皱，衣小袖衫及红绿相间裙装与《步辇图》中宫女所穿的间色裙十分相似，从而进一步验证了唐初这款裙子的样式。

图2-10　李寿墓北壁东侧女乐图

图片来源：尹盛平、韩伟，《唐墓壁画集锦》，陕西人民美术出版社，1991年，第29页。

[1] 陈安然. 以墓室壁画为基本材料的唐侍女服复原 [D]. 上海：东华大学，2018：50.

[2] 沈从文. 中国古代服饰研究 [M]. 北京：商务印书馆，2017：331.

（二）永泰公主墓室壁画中的侍女服饰

永泰公主墓位于陕西省乾县，墓前室东壁共两幅壁画，在红柱两侧各绘一列侍女相向而行，左侧一列七人，右侧一列九人，两列侍女均由头梳高髻、手挽披帛的宫女率领，其后的宫女有的端盘，有的捧方盒，有的拿蜡烛，有的执团扇，有的持如意。这些侍女有的穿披帛长裙，有的女着男装，展现出当时宫中的生活景象（图2-11）。

为首的两位女性发髻高耸且形象比较高大，推测其职务身份高于其他侍女，后面跟随的侍女亦梳高髻，发式多样，有半翻髻、反绾髻、螺髻、双螺髻等。侍女即出身于百姓家，入宫后又侍奉贵族妇女，其发式是较有代表性的。初唐以后的妇女发髻开始发生改变，身份较高的贵族妇女发式已经不再是单一的平云式样，开始将头发梳至头顶并向上高耸。初唐以后越发开放的社会氛围使高髻继续发展，品类越发繁多，式样也更加新颖[1]（图2-12）。

图2-11　永泰公主墓前室两侧壁画图

图片来源：周天游，《新城、房陵、永泰公主墓壁画》，文物出版社，2002年，第63页。

图2-12　永泰公主墓前室右侧壁画局部

图片来源：周天游，《新城、房陵、永泰公主墓壁画》，文物出版社，2002年，第63页。

[1] 王森燕. 唐永泰公主墓壁画中侍女服饰研究 [J]. 西部皮革，2016(18)：72.

前文所述唐代前期的妇女服饰，一般以襦裙、披帛的搭配较为常见。十分开放的着装风格是唐代妇女服饰独具特色之处。盛唐时有了袒领，领口开得很低，早期只在宫廷嫔妃、歌舞伎中间流行，后来在平民百姓间也风靡盛行起来。❶

开元之后，半臂与披帛的搭配成为较为常见的妇女服饰。在永泰公主墓壁画中，侍女身披披帛，且披帛的长度较短，幅宽较宽，披挂在肩膀上随风摆动。

细看图2-12中的九人中有七人均穿长裙，上罩半臂或半袖上衣，披帛结绶，值得注意的是，这个时期的裙上系较高，比较接近隋代样式，披帛皆为长装巾子，一端打结系于半臂缨带间，一端绕过肩部垂于手臂；脚穿昂头重台履，对于身着曳地长裙的妇女来说是起到方便行走的作用的。另外两人则着男装翻领袍服。左侧为首的女性，因特殊职务身份而发髻略高，为半翻髻；左二持盘侍女头梳螺髻；左三稍靠后侍女手持蜡烛，头梳反绾髻，身着男装；左四侍女背向外而立，内穿白色窄袖短衫，外穿红半臂，披帛和长裙均为绛色，双手托方盒，头微微抬起，似在与回首的人交谈，从她的发髻上可以看出蜿蜒的曲线，应为螺髻；左五侍女手执宫扇（图2-13），发髻与为首仕女相似为半翻髻；左六手捧高足琉璃杯的少女蛾眉娉目，身材苗条，头梳螺髻，上身穿淡绿色窄袖短襦衫，淡绿色的披帛绕过两肩垂在袒露的胸前，绿色长裙曳地，同心结缕带由腰间下垂；左七、左八侍女衫领低开、胸乳依稀可辨。

图2-13　执扇侍女服饰款式图（牛蕊婷绘制）

（三）李爽墓室壁画中的侍女服饰

李爽墓壁画，1956年出土于西安雁塔区羊头镇，其中有执笏躬身男文吏、执笏直立女子、执拂尘女子、吹箫男乐人、执拂尘女子、执团扇女子等，乐舞者居多，唐风明显。李爽曾任殿中侍御史、桂州都督等职，为正三品官员。如图2-14所示，第一幅《吹横笛女子图》中的女子梳双鬟髻，双臂左抬，十指

❶ 王森燕. 唐永泰公主墓壁画中侍女服饰研究 [J]. 西部皮革，2016(18)：72.

按持横笛，扬眉凝神之状呼之欲出。尤可注意腰上有两块绿而透明的腰裙，当是丝绸，透着里面红白条纹相间的拖地波斯长裙，线条一挥而就，有着唐代草书的爽利生动，人物气韵因之若随笛音飘逸，千百年来，似乎依稀能闻笛声，不由让人想起唐代韦应物的诗句“立马莲塘吹横笛，微风动柳生水波。北人听罢泪将落，南朝曲中怨更多”。

墓室绘侍女或乐伎，她们头梳高髻或双环髻、堆髻；身穿窄袖小襦，套半臂；肩搭披帛，着长裙；脚着云头履或尖头履。侍女手持拂尘、团扇、包裹、杯盘、大杯、盘口大腹壶等物（图2-14）。

图2-14　李爽墓室壁画
图片来源：张鸿修先生临摹，曾发表于《中国唐墓壁画》。

（四）懿德太子墓室壁画中的侍女服饰

懿德太子墓室壁画中的《侍女图》七人成组而立，侍女面部温和恬静，身披披帛，颜色各异，下着及地长裙，婀娜多姿。其中一位正面而立的侍女，可以看出身着半臂长裙，装扮与永泰公主墓室壁画中的侍女十分相似，只是没有披帛。侍女们或手持团扇，或托三足盘，或捧烛台，或持串珠，仪态端庄，体现出宫廷女子的从容自信（图2-15）。

懿德太子墓壁画中侍女行列的风格和构图形式与永泰公主墓室壁画中的侍女类似，身材修长，大多呈三曲状，头梳高髻、反绾髻、螺髻、双髻、惊鹄髻，服饰颜色有红、绿、赭、白、紫、黄等色。

图2-15　懿德太子墓室壁画
图片来源：陕西省博物馆、陕西省文物管理委员会，《唐李重润墓壁画》，文物出版社，1974年，第30页。

四、舞女服饰

唐代在我国历史上无论是思想、政治、文化都是最为兼容并包、东西杂糅的一个时代。但奇特的是，无论是何种语言、文字，还是宗教、观念的碰撞，最后都以艺术形式表现了出来。而在各种艺术形式中，又以舞蹈甚为突出。前有秦王破阵舞英姿飒爽、中有公孙大娘一曲舞破中原、后有贵妃玉环之霓裳羽衣，都是灼灼其华，令人瞩目。此外，高度发达的文学表现更是助推舞乐的快速发展。无论是光焰万丈的李白和杜甫、还是缠绵悱恻的李商隐和元稹，跃然纸上的精彩绝句被谱曲演绎后，更是广为流传、远播塞外。

强盛的国力及稳定的社会环境，以及唐朝君主相对英明的执政，为艺术创造提供了充足的物质支持，加快了唐代舞蹈艺术的发展，从而间接促进了唐代舞服的变化。唐代的舞蹈重视服装的作用，舞巾、风带、披帛、长袖，造成了身体体积的无穷变化，而这些带状物在舞蹈中构成了柔曼婉畅、飘逸变化的线的特征，更进一步丰富了舞乐。“剑翠凝歌黛，流香动舞巾”“虹晕轻巾掣流电”“风带舒还卷”“翩翩舞袖双飞碟”等诗句都是对舞衣的描述。

现存的唐代胡乐服饰相关实物资料，主要来自墓室壁画、乐舞俑及传世绘画中乐舞形象的考察。其中墓室壁画中所见的乐舞资料占有较大的比例，仅西

安周边地区出土的100多座唐墓中，绘有乐舞图像的墓室就达23座，其中包括不少与西域胡乐相关的图像资料，同时还有克孜尔石窟壁画等墓室出土的乐舞图壁画。[1]

（一）执失奉节墓室壁画中的舞女服饰

图2-16所示的舞女图出土于陕西省西安郭杜镇执失奉节墓，执失奉节是突厥人，执失思力之子，卒于唐高宗李治显庆三年（658年）。其墓由墓道和墓室两部分组成，由于墓壁受到雨水的侵蚀，壁画受损严重，仅有墓室北壁的舞女图保存较为完整。

壁画中舞者双臂伸展，手执红色披巾，身姿曼妙，翩翩起舞，头梳高髻，面部饰有花钿，身穿敞胸窄袖衫，下着红白间色长裙，腰线和半袖边缘都有绣纹装饰。根据文献记载壁画中的形象符合唐代巾舞的形象（图2-16、图2-17）。巾舞在汉代称为公莫，是汉代著名的杂舞，其特点是舞蹈时以巾作为道具。巾舞在魏晋隋唐时期在宫廷民间皆为盛行，唐代将巾舞纳入“清商乐”中。

图2-16　执失奉节墓中的舞女图
图片来源：宿白，《中国美术全集·绘画编12·墓室壁画》，文物出版社，1989年，图版96。

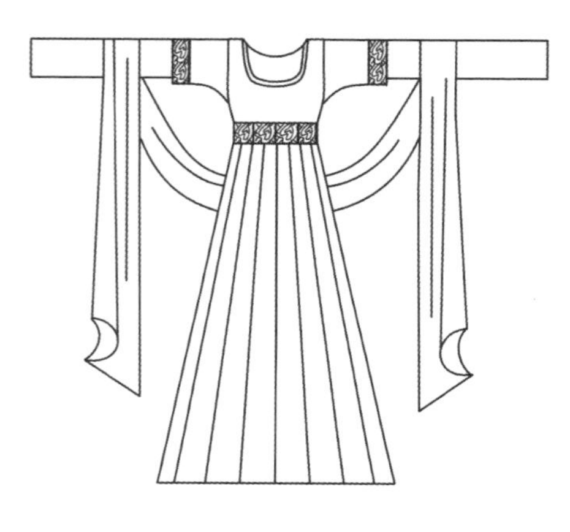

图2-17　执失奉节墓舞女服饰款式图（牛蕊婷绘制）

（二）韦贵妃墓室壁画中的舞女服饰

韦贵妃墓位于昭陵墓葬群东侧，是距离昭陵最近、规格最高的一座墓葬。韦贵妃墓中的壁画保存较好，且画面精美。

韦贵妃墓中的舞女形象出土于墓后甬道西壁，舞者头梳头梳双环望仙髻，柳眉凤眼，施有面靥。内穿白色圆领窄袖衫，外穿红色交领阔袖衣，大袖衣外穿绿色半臂，腰系宽带，下着赭色长裙，跪坐于舞茵之上，赭色长裙之下露出

[1] 管慧. 唐代燕乐服饰研究 [D]. 西安：西安工程大学，2012：2.

一截红色衣料与上衣同色，由此可判断为红色上衣的裙摆。仔细观察舞者的两个袖子有所不同，右袖为细窄袖型，略长于手臂，左袖较宽，好像是舞者手中另执有一块巾子，由此可以断定舞者所舞为巾舞或是长袖舞的一种（图2-18、图2-19）。

图2-18　韦贵妃墓中的舞女形象

图片来源：宿白，《中国美术全集·绘画编12·墓室壁画》，文物出版社，1989年，图版97。

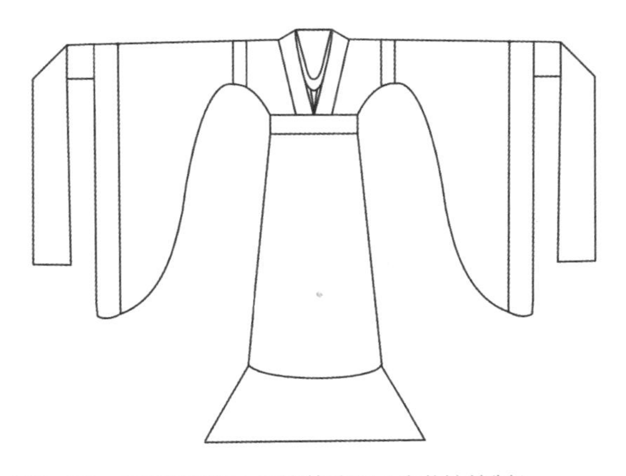

图2-19　韦贵妃墓舞女服饰款式图（牛蕊婷绘制）

（三）唐李勣墓壁画中的舞女服饰

李勣墓是唐太宗昭陵陪葬墓之一，位于礼泉县烟霞乡烟霞新村西，现为昭陵博物馆所在地，乐舞伎图出土于墓室北壁，是研究唐代舞蹈极为珍贵的史料。

如图2-20所示，两个舞伎相对而舞，体态优美，舞者头梳双环望仙髻，身穿朱红色大袖衫，衣长盖于裙子外侧，袖长较长，腰间系有腰带，下着条纹长裙，领缘和袖间都有薄纱荷叶边装饰，舞者婀娜多姿，翩然起舞。从陕西省博物馆的摹本图来看，领缘的装饰花边为淡绿色，质地轻薄飘逸，身后另有红色的飘带随风起舞（图2-21、图2-22）。

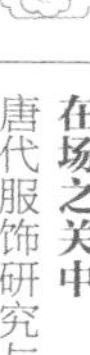

图2-20　李勣墓壁画乐舞伎图

图片来源：李星明，《唐代墓室壁画研究》，陕西人民美术出版社，2005年，第11页。

图2-21　李勣墓壁画乐舞伎图摹本（摄于陕西省博物馆）

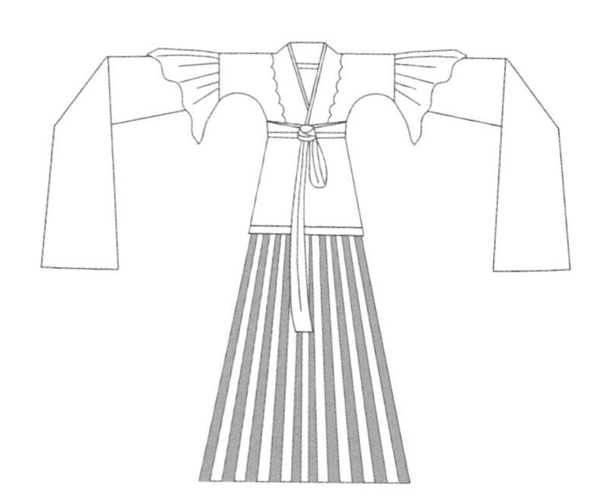

图2-22　李勣墓壁画乐舞伎服饰款式图（牛蕊婷绘制）

另一幅非常著名的舞蹈图出土于昭陵燕妃墓后室。燕妃墓在礼泉县烟霞乡东坪村，西北距昭陵约2公里。墓藏壁画资料数十幅，其中的舞蹈图实属唐墓壁画中不可多得的佳作。

壁画中两个舞伎的形象与李勣墓中的两个舞伎形象十分相似，上身也是穿红色交领大袖衫，不同的是下穿条纹长裙直接系于大袖衫之外的腰部，与李勣墓舞伎服饰相似的是领缘和袖间亦有荷叶边装饰，这种装饰在女性常服中并不常见，应该是舞蹈服饰中特有的装饰物（图2-23、图2-24）。

图2-23　昭陵燕妃墓后室舞蹈图

图片来源：宿白，《中国美术全集·绘画编12·墓室壁画》，文物出版社，1989年，图版98。

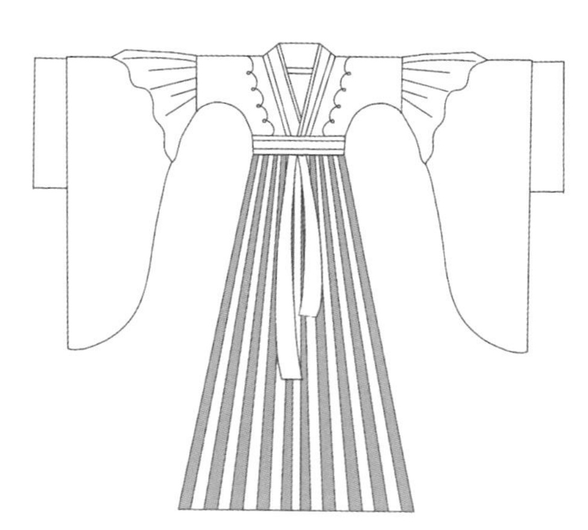

图2-24　燕妃墓舞伎服饰款式图（牛蕊婷绘制）

在这些舞伎形象中都出现了襦裙装的搭配，襦有长有短，而裙基本上都为间色裙。在《中国衣冠服饰大辞典》中写道，间色裙指的是“以两种以上颜色的布条互相间隔而成的女裙”❶，并认为间色裙最早出现在晋十六国时期。后来间色裙传入日本，现在日本正仓院中收藏着一条紫绫红腊缬绝间缝裙，就是紫色与红色相间的条纹裙子❷（图2-25）。执失奉节墓舞女、李勣墓舞女、燕妃墓舞女皆穿间色裙，其中执失奉节墓舞女穿红白条纹，李勣墓舞女和燕妃墓舞女穿的是黑白条纹，燕妃墓舞女所穿条纹排列最紧密。

图2-25　紫绫红腊缬絁间缝裙（日本正仓院藏）

（四）新疆吐鲁番张礼臣墓绢画中的舞女服饰

1972年出土于新疆吐鲁番阿斯塔纳张礼臣（655-702）墓的随葬屏风画共六幅，分别绘有四乐伎、二舞伎，图2-26所示为其中的一幅，舞乐图也是较为完整的一个。舞伎发挽高髻，髻呈螺旋形向上高举，称为“螺髻”。舞伎面部圆润，额间描有锥形花钿，眉毛上扬，脸颊浓施胭脂，身穿红色窄袖衫，外面罩一件卷草纹半臂，领口呈V型敞开，微微露出胸部，“粉胸半掩疑晴雪”应该是受到唐装的影响。下着鲜艳的红色曳地长裙，足穿高头绚履。她左手拈着披帛，一端从衣襟的胸前伸出，然后绕至背后，由于画中右手已破损，仅可见手臂，可以想象披帛的另一端由右手拈着，舞伎挥帛而舞的姿态。此类装束在同墓出土的泥木俑中都有相似的扮相。虽然右手因画面残损，但整个神韵仍能感受到西域女子优美的身材和动人的舞姿。这是目前我国最早有确切年代、在绢上描绘妇女生活的作品。舞乐图的出土表明，半臂这种服饰，早在初唐即已出现，不仅在中原地区流行，西北地区的妇女也同样喜欢穿着（图2-27）。

❶ 周汛，高春明. 中国衣冠服饰大辞典 [M]. 上海：上海辞书出版社，1996：282.

❷ 刘也. 唐代宫廷《十部乐》舞伎服饰形象复原研究 [D] 西安：西安工程大学，2017：19.

图2-26　新疆吐鲁番张礼臣墓绢画舞乐图
图片来源：新疆维吾尔自治区博物馆，《新疆维吾尔自治区博物馆》，新疆美术出版社，1998年，图版164。

图2-27　新疆吐鲁番张礼臣墓绢画舞女服饰款式图（牛蕊婷绘制）

五、女着男装

诸多文献及现存史料显示，女着男装在唐代成为一种较为普遍的现象，源于宫廷，传至民间。究其背后的原因，主要是由于以下几点：一是唐代社会风气开放，具有勇于接受外来文化的包容性，对于女性的约束力有所缓和，社会环境较为宽松；二是胡汉文化相融，胡服成为男女竞相效仿的对象；三是审美的改变，宫廷内的侍女为了满足上层阶级男性的喜好而穿着男装。

唐代女子着男装，主要指穿着男子的袍服。袍，所谓“丈夫著，下至跗者也”。唐代袍服以圆领为主，衣襟右衽，衣长至脚背。上至天子、下到百姓均可以穿着，一般以颜色区别等级。袍下穿着裤装，足下穿靴或履。唐代初期，男子袍服在原有的基础上增加了装饰，即在领、袖以及衣襟边缘处缝缀锦边，袍服的下摆加上横襕，这种变化也在女着男装中有所体现。

下面将依据现存古迹对这种女着男装的现象详加讨论。

（一）新疆吐鲁番张礼臣墓绢画中的女子着男装

如图2-28所示，贵妇头梳高髻，发髻簪花，穿圆领长袍，腰系黑带，袍下露彩色条纹裤腿，脚穿软靴。贵妇面色红润，画宽眉，额饰画钿。

唐代女子着男装时，依然保存了部分女性装扮，如发式、饰品、条纹裤，以及女式便鞋。女子的妆容在唐初期并不十分显著，清淡素雅的妆容很容易产生性别误判，到了盛唐时期，妆容越来越浓艳，女子面部喜欢贴花钿、施面靥，发型和饰品也都繁复艳丽。女子着袍服的颜色大多为单色，色彩鲜艳，少有纹饰，以朱色、紫色最为常见，但图2-28中的贵妇所穿袍服上满布团花纹样，大致与她的贵族身份有关系（图2-29）。

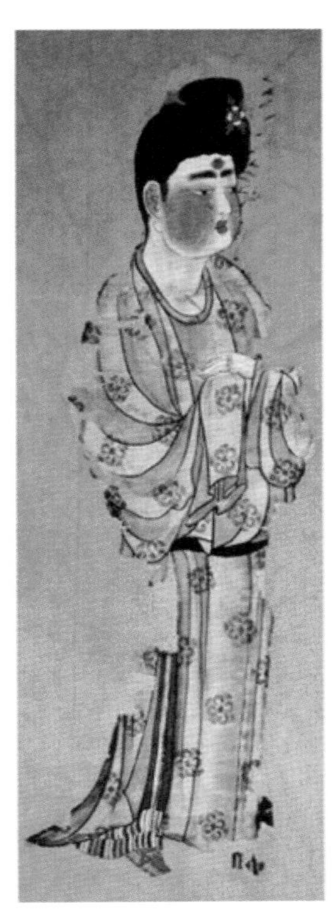

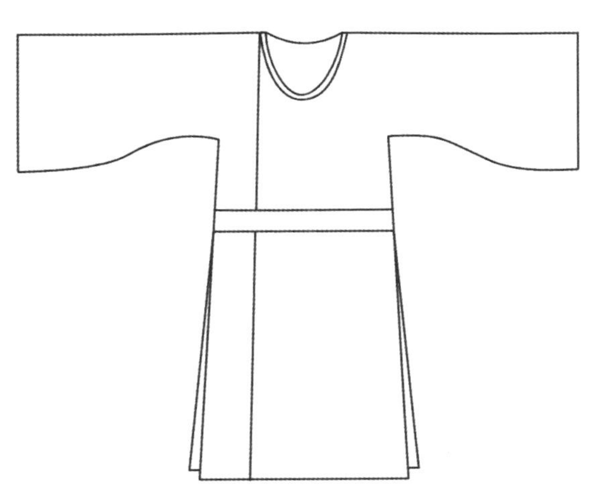

图2-29　吐鲁番阿斯塔纳187号墓连屏绢画女子着男装款式图（牛蕊婷绘制）

图2-28　吐鲁番阿斯塔纳187号墓连屏绢画
图片来源：新疆维吾尔自治区博物馆，《新疆维吾尔自治区博物馆》，新疆美术出版社，1998年，图版149。

（二）《唐后行从图》中的女官服饰

唐代男子的首服是幞头。幞头本属头巾，从隋代起，裹发时两角包过额，绕至颅后结带下垂，远看似两条飘带；另外两角由后朝前，曲折附顶，于额前系结。从隋代起，又在头巾内扣覆上一个名叫"巾子"的衬垫物，以衬托出各种形状。从武德至开元（618~741年）一百多年间，幞头样式经历了多次变化，变化的焦点就集中在巾子上。在晚唐以前，虽然巾子的式样有所不同，但幞头的裹法是一致的，都是先把巾子扣上，然后将头巾蒙覆在上，系裹成型。这种幞头俗称"软裹"。晚唐以后，又出现了一种新的裹法，先用木料制成一个头型，然后将头巾包裹在头型上，使用时只要将幞头从头型上取下，便可戴在头上，无须临时系裹。这种做法俗称"硬裹"。除幞头外，唐代男子的首服还有纱帽，一般以质地疏朗的轻纱缝制而成，文人居士所戴者以黑色为多。《新唐书·车服志》："乌纱帽者，视事及燕见宾客之服也。"[1]

《唐后行从图》中的金吾甲士、太监、女官着袍服。武则天当政期间，开始起用女官，女官与男官一样都着低腰袍服、小腿裤、锦靴，颇具男子风格。可是该画中的袍服颜色有绛色、绯色、绿色、黄色，皆为宽袖，且头戴软巾长角硬脚幞头，属于宋代样式，这也是诸多学者断定画作为宋代的原因之一。圆领袍服内着白纱中单；足穿黑、白两色六合靴，除一鸣鞭太监和一位常服金吾卫士腰束黑色革带外，其余均系红色革带，所有铊尾顺插，符合《旧唐书》中

[1] 杜娴婷. 性别角色认同视角下的女着男装现象 [D]. 北京：北京服装学院，2010：19.

记载。金吾甲士着武弁服，豹纹大脚口布袴、乌皮靴、绯丝大袖，盔连护颈服饰符合《新唐书》记载[1]（图2-30）。

图2-30 《唐后行从图》局部（收藏家陆忠藏）

（三）《挥扇仕女图》中的女官服饰

《挥扇仕女图》是中国唐朝画家周昉创作的一幅国画，绢本设色。此画由北京故宫博物院收藏。它是一幅描写唐代宫廷妇女生活的作品。

全卷所绘人物共计十三人，分为五个自然段落。起首第一段为“挥扇”，共四人：一位妃子半倚半躺的慵懒地靠在椅子里，她头戴玉莲冠，身穿红色短襦，外穿及胸长裙，裙上有团状纹样，细长的披帛随意地挂在肩臂上，她两手扶着椅子的扶手，脸庞转向一侧，仿佛若有所思的样子。妃子右侧立着一位双手执扇的女官，这位女官身着男装，头戴幞头，穿紫色圆领长袍，腰束红色銙带，上下各有一幅圆形纹样绣于袍上，銙带以下袍的侧面有开衩，隐约露出里面的衬裙（图2-31）。第三段为“临镜”，共两人：一位衣着华美的贵妇正在对镜梳头，持镜而立的是一位身着男装的女官，其头戴幞头，穿着红色圆领袍服，腰束红色銙带，袍的后身绣有上下两个团状图案，袍的侧面亦有开衩，推测与执扇女官的袍服相似，前后都有刺绣图案且两侧开衩（图2-32）。

图2-31 《挥扇仕女图》局部——挥扇（北京故宫博物院藏）

图2-32 《挥扇仕女图》局部——临镜（北京故宫博物院藏）

[1] 朱绍良. 唐后行从图考析 [J]. 收藏家，2017(1)：22.

（四）章怀太子墓室壁画中的侍女服饰

《观鸟捕蝉图》位于唐代章怀太子墓前室西壁，现藏于陕西历史博物馆。此图所绘仕女形象写实，画家用流畅的线条准确地勾勒出仕女的表情和装束，描绘细腻，着色浓淡相宜、鲜艳明快，形象刻画形具而神生。壁画设色艳丽，技法精湛，所绘人物、鸟虫、树木，生动自然（图2-33）。

图2-33 观鸟捕蝉图

图片来源：周天游，《章怀太子墓壁画》，文物出版社，2002年，第48页。

画中有三位女性，以及鸟、树、蝉、石。三位女性着装各不相同，前面的仕女立于树下，她头梳高髻，身披黄色披帛，披帛交于胸前，一端搭在手臂上，双手交叠于腹前，下着黄色长裙，脚穿重台履，她面朝前方，一副若有所思的样子。中间的侍女身着男装，她头梳双螺髻，身穿圆领窄袖黄色长袍，下穿黄裤，脚穿尖头鞋，腰束黑带，带上系有一红色鞶囊，正在小心翼翼、全神贯注地捕捉一只树干上的蝉。后面的仕女亦头梳高髻，她身披红色披帛，披帛的背面为绿色，与其绿色的长裙相呼应，她的左手托着披帛的一端，右手握着一枚长簪搔头，正在仰望天空中飞过的小鸟，神情十分悠然自得。

六、女着胡服

唐人喜着胡服，尤其是在长安及洛阳等地，男女所着胡服的样式没有明显差别，女着胡服的颜色略为艳丽，装饰较多，女着胡服实际上也是女着男装风气的延续。向达在其经典之作《唐代长安与西域文明》中写道："开元、天宝之际，天下升平，而玄宗以声色犬马为羁縻诸王之策，重以蕃将大盛，异族入居长安者多，于是长安胡化盛极一时。此种胡化大率为西域风之好尚：服饰、饮食、宫室、乐舞、绘画，竞事纷泊；其极社会各方面，隐约皆有所化，好

之者盖不仅帝王及一二贵戚达官已也。”[1]由此可见，胡服在唐代盛极一时的状况，胡化现象成为一种时尚，融入百姓生活的方方面面。

唐代女子穿着胡服的形象可见于壁画、塑像等古迹中。女着胡服的款式以胡帽、窄袖袍、条纹裤及软锦靴为主。窄袖长袍多为对襟、翻领，领口、袖端以及衣襟上有锦边。《旧唐书·舆服志》云：“中宗后有衣男子而靴如奚、契丹之服。”[2]由此可见，唐代宫廷女性所穿胡服的款式与古迹中相似，故在此详加探讨。

（一）新疆吐峪沟出土绢画中的舞女着胡服

沈从文先生在《中国古代服饰研究》中谈唐代妇女胡服，“常以为盛行于开元、天宝间，似非事实。就近年大量出土材料比较分析，大致可以分作前后两期：前期是北齐男子所常穿，至于妇女穿它，或受当时西北民族（如高昌、回鹘）文化的影响，间接即波斯诸国影响。特征为高髻，戴尖锥形浑脱花帽，穿翻领小袖长袍，领袖间用锦绣缘饰，钿镂带，条纹毛织物小口裤，软锦透空靴，眉间有黄星靥子，面颊间加月牙儿点装。”[3]

图2-34所示绢画出土于新疆吐峪沟张礼臣墓，应为屏风画残片，根据同期出土的记载文字，应作于704年左右。此绢画上的人物为舞伎形象，该女子头梳回鹘高髻，眉间有黄星靥子，面施胭脂。上身穿着翻领胡服，颜色以红色为主，领部和袖口部位有锦绣缘饰，图案是宝相花纹。由于绢画已经残缺，衣服的其他部分不可见，但仍能看出女着回鹘装的特点，也反映出唐代妇女对于回鹘装的审美与爱好。

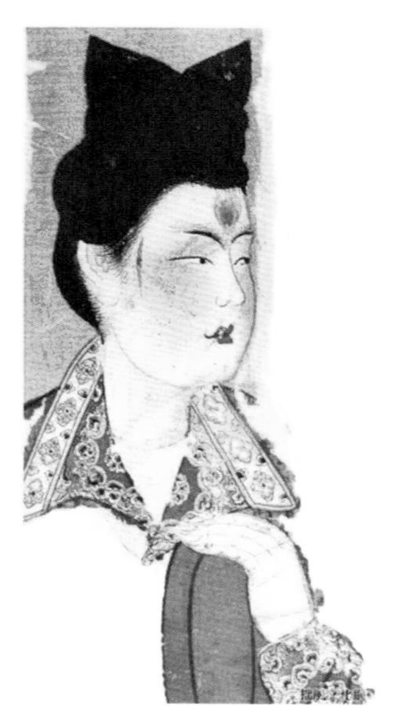

图2-34　新疆吐峪沟出土绢画

图片来源：沈从文，《中国古代服饰研究》，商务印书馆，2017年，第369页。

---

[1] 向达. 唐代长安与西域文明［M］. 石家庄：河北教育出版社，2007：42.

[2] 刘昫，等. 旧唐书：卷四十五［M］. 北京：中华书局，1999：395.

[3] 沈从文. 中国古代服饰研究［M］. 北京：商务印书馆，2017：368.

（二）西安韦顼墓线刻中的侍女着胡服

盛行于唐代的胡服中有一种源于西域的款式，即卡弗坦。材质为棉或者蚕丝，衣长至脚踝，腰间系带，足穿软靴。西安地区出土的唐代韦顼墓中有几位侍女所穿着的胡服，与古籍中描述的卡弗坦相符。这几位侍女有的头戴锦绣浑脱帽，有的头梳反绾髻，有的戴幞头，身穿窄袖长袍，腰束蹀躞带，上面缀有不同的饰品。一位侍女所穿长袍为翻领，袍下穿条纹裤，足穿透空软锦鞋（图2-35）。胡服卡弗坦通过丝绸之路传到唐代，影响了唐代女子的审美，成为一道靓丽的风景线（图2-36）。

图2-35　韦顼墓线刻胡服侍女

图片来源：沈从文，《中国古代服饰研究》，商务印书馆，2017年，第374页。

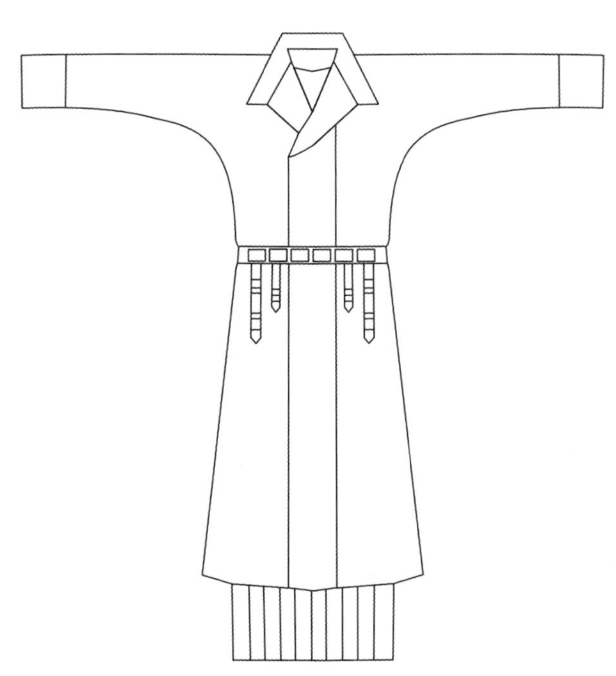

图2-36　卡弗坦样式胡服款式图（牛蕊婷绘制）

03

第三章

唐代服饰织物纹样

第一节 概述

在中国漫长的审美文化发展史上，隋、唐及五代时期是一个相对完整的历史阶段。期间长达289年历史的唐代更是这一时期的精华与高峰。在经历了南北朝的战乱纷争之后，曾经被确立的中国古代文化系统再次融合并以新的姿态逐步成熟。随着政治文化的步步走高，唐代以更加蓬勃、向上、自由、开放的姿态掀起了新的审美热潮。虽然早在南北朝时期，外族文化大量流入中国北方，但当时文化冲突的一面远大于文化交融的一面，战乱频发与南北阻隔的状态大大牵制了文化交融的发展，隋唐的地理、政治的统一使得文化交融的能量充分迸发。自隋代伊始，至唐代胡汉文化的交融改变的不仅仅是人们的生活习惯，而且改变了人们的精神面貌，更具包容性的审美观念逐渐形成，在盛唐时达到了顶峰。

唐初有“贞观之治”，而后迎来开元、天宝的盛唐时期，经济文化极为繁荣。此时的纺织品名目繁多，城市中有依据产品和工艺类型分类的各类作坊，如织锦坊、毯坊、毡坊、染坊等，农民贡赋中属于纺织品原料的有麻、丝绵等。中晚唐时期，由于安史之乱导致唐代经济逐步衰落，但即使如此，整个唐代所表现出的雍容大度、兼容并蓄的时代风尚仍是后世难以企及的。在这样的时代风尚中，到了唐末和五代动荡时期，唐代纺织领域的装饰艺术和工艺技术仍有突出的发展和创新，依然呈现出繁盛灿烂的趋势。唐代的丝绸生产，在品种和质量上都达到了前所未有的水平。这一时期丝织品的消耗量巨大，宫廷中丝织品的耗用更是奢靡无度，史载天宝年间由各地征收的丝织品中，绢达七百四十万匹（每匹约12米），数量庞大，前史未见。丝绸织造业无论官营、民营都具有完整的体系，且规模庞大，官营作坊由中央设少府监，下辖染织署，分工精细，除冠冕制作外常设25作坊。[1]武周时期，“绫锦坊巧儿三百六十五人，内作使绫匠八十三人，掖庭绫匠百五十人，内作巧儿四十二人”[2]，民营纺织业既有生产商贸用丝织品的民营作坊，也有为缴纳朝廷赋税而生产的家庭纺织，其中规模大的，如定州富户何明远家，就有绫机五百张。不仅如此，汉代开通的丝绸之路在初唐至盛唐达到繁荣高峰，中国与域外的丝绸贸易日益频繁。唐代杜佑的《通典》记载了唐时工匠吕礼等去大食传授丝织技术，同时具有异域特色工艺和纹样风格的西亚波斯锦、中亚粟特锦也流入中原，被中国织工模仿，对中国织锦产生极大影响[3]。唐代诗人张籍的《凉州词》中有“无数铃声遥过碛，应驮白练到安西”，描写的就是丝绸之路上贩运丝绸的景象。

织造业的发展、产品的需求、贸易的交融所带来的变化不仅是技术上的进步，织造纹样的种类及审美的多元变化也随之不断丰富，通过唐代的诗文，我们或可窥见当时纹织样貌的丰富与华美，诗文中对丝织物的描写充溢着旖旎浪漫的想象，并且辞藻瑰丽。例如，白居易的《缭绫》：“缭绫缭绫何所似？不似罗绡与纨绮。应似天台山上明月前，四十五尺瀑布泉。中有文章又奇绝，地铺白烟花簇雪。织者何人衣者谁？越溪寒女汉宫姬。去年中使宣口敕，天上取样人间织。织为云外秋雁行，染作江南春水色。广裁衫袖长制裙，金斗熨波刀剪纹。异彩奇文相隐映，转侧看花花不定。”在这样的诗句中所描绘的精美织物，后世考古均有发现并获得物证。

一、唐代服饰纹样的历史背景

唐代是我国古代装饰艺术的成熟阶段，经济、文化方面的发展繁荣在整个中国历史上占据了重要的地位。

在唐代，繁华盛世促发了追新求异、焕烂求备的审美追求，表现在纺织纹样装饰上则是令原本实用表意的功用扩展成快意华丽的精神享乐。“新样”是唐诗中赞美纹样的常用文辞：“新样花文配蜀罗”“遥索剑南新样锦”“舞衣转转求新样”“劳动更裁新样绮”。追新求异的风尚成因有其特定的人文因素：大体从武后时代起，旧的门阀贵族阶层逐渐由科举入仕的新贵所替代。他们抛弃了旧式贵族在思想上的矜持与保守，在追逐物质财富享受的同时，用尽心力地迎接和创造新的繁华。表现在装饰纹样方面就是奢华气息与淳朴之风并存，雕饰与自然之美相合的繁荣气象。在这些繁丽的纹样中，没有什么比花卉更能体现对于生活的繁美与富丽，从而使一直处于中国古代装饰纹样艺术领域弱势地位的植物纹样，特别是花卉纹样到了唐代，得到了长足的发展，逐渐在装饰纹样发展中占据了主导地位。在各类器具、建筑装饰，尤其是纺织品与服饰装饰

[1] 李林甫. 唐六典：卷二二 [M]. 北京：中华书局，1992：575-576.

[2] 欧阳修，宋祁，等. 新唐书：卷四十八 [M]. 北京：中华书局，1975：1269.

[3] 张晓霞. 中国古代染织纹样史 [M]. 北京：北京大学出版社，2016：178.

中出现了大量的花卉纹样，这些花卉纹样与不同的题材、表现形式相结合，以其独特而奇丽的艺术性，绽放出璀璨的光芒，为后世的花卉纹样发展奠定了良好的基础。

隋唐五代的染织纹样在古文献中有丰富的记载，尤其以唐代的最为丰富。如《新唐书·车服志》载："袍袄之制：三品以上服绫，以鹘衔瑞草、雁衔绶带及双孔雀；四品、五品服绫，以地黄交枝；六品以下服绫，小窠无文及隔织、独织。"[1]在唐诗中亦有"新帖绣罗襦，双双金鹧鸪""水精帘里颇黎枕，暖香惹梦鸳鸯锦""罗衫叶叶绣重重，金凤银鹅各一丛""对织芭蕉雪毳新，长缝双袖窄裁身"等诗句。目前这一时期的实物资料较之前代也更为丰富：新疆吐鲁番、甘肃敦煌莫高窟、陕西扶风法门寺是这一时期纺织品文物出土较为集中的地点，日本奈良正仓院也珍藏了许多唐代纺织品。除纺织品实物外，隋唐五代时期，佛教造型艺术兴旺发达，绘画艺术也渐趋繁荣，遗于后世的壁画、雕塑、绢本画上对人物衣饰的表现也非常丰富详尽，这些历史遗存更是纺织品实物外的一种直观的纹饰图案资料，也是研究、探索这一时期服饰纹样极其珍贵的资料。

二、唐代服饰纹样的主要结构形式分析

隋唐承袭了魏晋南北朝时期流行的框格结构、弧形结构、团窠结构，同时，植物纹样在唐代纷纷登场，以植物花草为主要题材的装饰纹样大量涌现，花草纹样的广泛运用使得各式团花、枝花结构蓬勃发展。团花结构与枝花结构成为唐代各种装饰载体上最典型的结构形式。

（一）团花结构

团花结构，顾名思义是外形大体呈圆形的团状纹样单元，由一种或几种花卉，采用对称或均衡的形式，以圆的形式组合成单独纹样。隋唐五代的团花纹样按照团花的构成形式，可以分为窠式和盘式。

1. 窠式团花

窠式，即通常所谓团窠纹。窠，指昆虫、鸟兽的巢穴，有安居与聚会的意思，顾名思义，窠式团花的主要特征是具有环状外框，框内填充花卉、动物、人物等纹样。环状外框通常为联珠纹或缠枝纹，因此又可分为联珠式和花环式，亦可称为联珠团窠、花环团窠。盛唐时期非常盛行团花样式的花卉装饰纹样，据《唐六典》载，有"独窠""两窠""四窠""小窠""镜花"等多种形式。这些种类的名称是指幅宽内所占团窠的数量及团窠的大小，大的独窠直径可达40多厘米。[2]

（1）联珠式：联珠式，即以大小相同的圆点排列成的纹样，排列的轨迹可以是直线、弧线、环形等。联珠式团窠纹，就是以环形为轨迹的纹样单元，这

[1] 欧阳修，宋祁，等. 新唐书：卷二十四[M]. 北京：中华书局，1975：524.

[2] 张晓霞. 中国古代染织纹样史[M]. 北京：北京大学出版社，2016：188.

种纹样并非出于中国本土，是随东西文化交流的深入而东传的纹样，最早的文献记载出现于魏晋南北朝时期。隋至唐初，联珠内的主题纹样有受波斯萨珊纹饰影响的翼马、狩猎、鹿、羊等动物题材（图3-1）。此后随着其在唐代纹样中不断地深入普及改造变化，与中原审美情趣相左的题材逐渐消失，代之而起的是中国传统文化意象中更为普遍的龙、凤、小团花等题材（图3-2）。其中联珠小团花流行于隋至初唐，在敦煌莫高窟的隋代和初唐壁画，以及吐鲁番、都兰等地出土的织锦，日本正仓院藏品中都可见到。至8世纪初随着阿拉伯帝国的强盛，阿拉伯装饰艺术对花草的偏爱促使以花朵形成的环状团窠纹样日渐兴盛，这种流行趋势逐步遍及此时期中亚地区的团窠装饰，如在8～9世纪的粟特织锦中可以见到不少花环团窠纹样。新的文化偏爱随着东西文化交流被传入中国，而原本的联珠团窠纹逐渐淡出了中原地区的装饰，代之而起的是花环团窠（图3-3）。

图3-1　团窠连珠对狮纹（西安大唐西市博物馆藏，作者摄）

图3-2　初唐小团花纹样（摹本）

图3-3　粟特织锦

图片来源：张晓霞，《中国古代染织纹样史》，北京大学出版社，2016年，第189页。

（2）花环式（陵阳公样）：花环式分为缠枝花环和宝相花花环，花环中心的纹饰通常为动物纹。这种形式起于初唐，流行于盛唐、中唐，在同时期的金银器上也见运用。赵丰先生认为，这种花环中饰动物的纹样即为唐代最盛行的陵阳公样[1]。唐代张彦远《历代名画记》中有如下记载："窦师纶，字希言，纳言陈国公抗之子。初为太宗秦王府咨议、相国录事参军，封陵阳公。性巧绝，草创之际，乘舆皆阙，敕兼益州大行台，检校修造。凡创瑞锦、宫绫，章彩奇丽，蜀人至今谓之'陵阳公样'。官至太府卿，银、坊、邛三州刺史。高祖、太宗时，内府瑞锦、对雉、斗羊、翔凤、游鳞之状，创自师纶，至今传之。"[2]。唐代花环式团窠纹样中的花环与西亚纹样并不相同，带有更多中国文化的印迹，其组成花环的花型样式多为缠枝纹样或宝相花纹，而团窠中的鸟兽也与西亚较为写实的鸟兽不同多为传统吉祥瑞兽，这正是文化演化的结果。

2. 盘式团花

盘式团花去掉窠式的环形外框，直接由花草动物组成团状图案。按结构分为对称式和均衡式。

对称式团花形式又可分为两种。一种为中心对称式，特点是以圆心为中心，向外作层层发散装饰（图3-4），宝相花即是其中最具代表性的一类。另一种为均衡自由结构，由折枝、缠枝纹样组合成圆形纹样[3]。均衡结构的团花变化多样，其中有以涡旋形或S形来形成纹样的骨骼，也有以中轴线为基准骨骼将装饰区域化分为两个或四个区域，再分别填充多面对称的植物纹样，表现为折枝、缠枝、动物在团花的圆心内盘团，或以多种题材的纹样相组合构成团花，当然也有在圆形中央装饰禽鸟瑞兽的均衡式团花图案（图3-5）。

图3-4　中心对称结构团花图案（摹纹）

图3-5　新疆吐鲁番阿斯塔纳出土的唐宝花立鸟印花绢

图片来源：张晓霞，《中国古代染织纹样史》，北京大学出版社，2016年，第190页。

均衡式团花形式流行于晚唐至五代，特点是没有严格的对称轴。晚唐至五代，随着纹样写实风格的增强，宝相花的结构变得更加丰富，写实化的审美取

[1] 赵丰. 中国丝绸艺术史 [M]. 北京：文物出版社，2005：151.

[2] 张彦远. 历代名画记全译 [M]. 承载，译注. 贵阳：贵州人民出版社，2009：515.

[3] 黄能馥，陈娟娟. 中国丝绸科技艺术七千年 [M]. 北京：中国纺织出版社，2002：120.

向使得宝相花具有描摹现实的样貌：花瓣形态不再是四平八稳的固定形态，花头倾斜，原有的严谨对称结构被打破，有时还会出现夹杂其他花型或装饰绶带等的情况，而这类纹样也打破了中心对称的样式，改用轴对称形式或均衡式团花表现（图3-6）。

图3-6　缠枝牡丹纹（摹纹）

（二）枝花结构

1. 缠枝花

缠枝式，指以植物的枝干或藤蔓为骨架，以涡旋形、波形曲线为主要结构线，曲线向四周或两侧延伸，形成的连续纹样或单独纹样循环往复，富于变化。缠枝式纹样结构绵延，故有“生生不息”之意，寓意吉祥，被广泛应用于各种边饰中。缠枝式纹样约起源于汉代，流行于魏晋南北朝时期。早期的缠枝纹样形态多为忍冬纹，带有极强的佛教色彩，至唐代，纹样日臻成熟，纹样的种类也更加丰富，不同形态与寓意的植物纹被表现于纹样的构架中。缠枝纹的造型多变，或绵延委婉或气势恢宏，其缠枝纹样中的花型亦变化丰富，花头有正反相背，花叶则有阴阳转侧，花头与花叶的形象互相呼应，曲卷多变的线条委婉多姿，生动华美。唐代的缠枝式纹样圆润曲卷，层次丰富，富于节奏感且华丽非常，最具代表性的缠枝式纹样为卷草纹，因其盛行于唐代亦被日本称为“唐草”。在唐诗中有对“连枝锦”的描写，如“夜夜学织连枝锦，织作鸳鸯人共怜。”“琼筵宝幄连枝锦，灯烛荧荧照孤寝。”，“连枝锦”应为唐代一种普遍流行的装饰有缠枝花草纹的织锦。不仅如此，在许多壁画作品中缠枝式纹样也很常见，并被广泛应用于各种器具的装饰中（图3-6）。

唐代缠枝式纹样根据结构形式的不同，分为规则式与自由式。规则式的纹样一般依据波浪骨架涡与旋形的分割形成连续纹样，呈现出对称或规律的二方连续、四方连续图案。自由式的纹样没有固定结构与样式，纹样中以正续或反切的曲线构成连续的波形，可向两侧或四周做任意伸展。纹样中的花与枝叶自由伸展，互相盘绕旋转，肆意华美。缠枝式纹样根据主体花卉种类的不同又可分为缠枝葡萄纹、缠枝宝相花纹、缠枝牡丹纹、缠枝莲纹等。

2. 折枝花

折枝花，指花卉纹样不是全株，而是从花干主体中折下的一部分，由花、叶、茎组成的较写实的枝花纹样。这种形式，也被称为小簇花（图3-7）。从唐中期开始出现写实风格的植物纹样。这种纹样的取材面向自然界的各类花草，以描摹花草的自然姿态为主，打破了此前完全程式化的传统图案或改造外

来纹样的固有图案创作手法，改变了传统中偏重寓意与装饰的模式化、概念化风格，随着这种写实风格的日渐兴盛，折枝式纹样也正式成型并日趋多样。到晚唐时期，在装饰领域折枝花卉造型已是非常常见。

图3-7　小簇花（摹纹）

三、唐代服饰纹样的主要题材分析

唐代沿袭了隋代以来的多种服饰纹样，随着时间的推演、文化的发展，各类纹样更加成熟也日益华丽，充分展现了唐代富丽堂皇的文化风貌。唐代的主要纹样按题材分类有以下三类：

植物类：宝相花、卷草、石榴、葡萄、牡丹，以及各式杂花、花树等。

动物类：四灵、麒麟、天马、狮子、辟邪有翼的狮虎、孔雀、仙鹤、鸂鶒、鸸鸪、鹦鹉、粉蝶、鹅、雁、羊、鹿、豹、熊、猪头等。

几何类：龟甲、水波、双胜、盘绦、樗蒲等。

这三大类纹样各自成形，依据不同的图案骨架变化，样式丰富。除此之外，不同题材的纹样也会组合成新的纹样，如花与鸟、花与兽、鸟衔瑞草等，亦有纹样与文字相组合的图形，种类繁多，风格各异。

纺织品和服饰之中最为常见的即花卉纹样与动物纹，唐代的花卉纹样与其他历史时期的花卉纹样不同，花卉骨骼非常饱满，以富丽的姿态铺陈出现。而动物纹，在唐代由于域外文化的交融除了常见的传统动物外，一些借由文化交流产生的新动物纹样也频繁出现在纺织品中，这些纹样或独立出现或相互组合，形成了唐代独有的华丽胜景。值得一提的是，还有一种人与动物相组合的狩猎纹，这种纹样带有极强的异域风情，迥异于我国传统纹样，是唐代纺织品纹样中比较特殊的一支。

第二节　唐代服饰织物中的花卉纹样

中国爱花赏花的历史由来已久，但其实在南北朝时期之前很少有将花卉作为主要装饰纹样应用于生活中，从商周时期到两汉时期占据装饰纹样主导地位的主要为动物和几何形的装饰纹样。直到魏晋南北朝时期，随着佛教的传入忍冬缠枝纹传入我国，在文化交融的发展与作用下，带有异域色彩的忍冬缠枝纹与本土具有吉祥象征意义的莲花纹样结合，形成了新的装饰纹样形式（图3-8）。

图3-8　魏晋时期的忍冬纹（摹纹）

这些纹样首先在带有宗教性质的器具装饰中大量出现，随着流传的深入亦频繁出现在民间世俗工艺品的装饰上。至唐代，除了传承于魏晋的花卉纹样外，牡丹、菊花等不同的花卉造型以及全新的宝相花纹也出现于装饰纹样的表现中，不仅如此，唐代的花卉纹样构图花型也更加饱满丰盈，生机盎然，丰富多样，装饰纹样逐渐呈现出“百花齐放”的盛唐景象。

唐代的花卉纹样与魏晋时期道骨仙风般纤细、清秀的造型截然不同，其花卉纹样构图富丽华美，花卉造型饱满、有着飞扬的线条与活力的姿态，这样的纹样由内而外呈现出丰富的层次感，端庄而富于变化，翻飞滚动的线条圆润流畅，充满着蓬勃的生机，尽显华丽的色彩。无论是在唐代的纺织品、金银器、壁画以及各类器具上都可以见到这样华美肆意的唐代花卉纹样。正如田自秉先生在《中国工艺美术史》中曾描述的唐代社会特征“统一、上升、自信、开放”一样，唐代的花卉装饰纹样也表现出同样的特性。

一、唐代花卉纹样的造型特点与风格特征

唐代是开放、自信的时代。大唐盛世，丰满、华贵的审美风格几乎涵盖了造型艺术领域各个方面，表现在花卉装饰纹样方面，与唐代兴盛、开放的时代背景丝丝相扣，形成了装饰纹样大气磅礴的风格。其造型丰富繁丽，不拘泥于烦琐的形态，自由烂漫，在吸收了前朝与外域文化的基础上演变出全新的时代面貌，

唐代花卉纹样的主要特征之一就是造型饱满、结构密实，团花结构正是这一结构特征的代表。初唐，散花和小团花较多，而盛唐时期团花布局结构变得更加开朗，形态也从原来带有几何形式的概括造型转变为写实的形式，纹样整体造型结构饱满，华丽雍容。

唐代花卉纹样的浑圆造型与满密的构图是相辅相成的，即便不是团花的纹

样，这种层叠满密的构图形式也时有体现。花朵、果实、花枝与花叶簇拥形成饱满的形象，表现出盛放丰满、硕果累累的视觉感受。

唐代花卉纹样的另一种造型特征则是用曲转的线条表现纹样的节奏感和层次感，其中缠枝纹样是体现这种特征的典型代表。唐代的许多缠枝纹样形式从纹样的构成上来说与传统意义上规矩的二方连续或四方连续的构成大相径庭，其纹样构成是一种自由、随意翻卷的形式，花叶造型“翻转仰合，动静背向”，依形变换，并不重复，这些自由辗转的变化正展示了唐代缠枝纹样生机勃发、委婉多姿的样貌特点。这样的缠枝纹以不同花草的茎叶、花朵或果实为题材，从初唐到盛唐，阔叶或卷叶取代了原有的造型简单的缠枝形式，最终演变成唐代特有的卷草纹样，其造型气势恢宏，花既有正反相背，也有阴阳侧转，花与叶的形象相互呼应，浑然一体。[1]新的植物纹样越来越多地加入其中，并发展成为种类繁多形态各异的缠枝纹样。现存于日本奈良正仓院的唐缠枝葡萄纹绫，以及敦煌莫高窟334窟的唐初彩塑观音裙子纹饰等都是这类纹样的代表（图3-9）。

图3-9　敦煌莫高窟334窟的初唐卷草纹（摹纹）

缠枝纹与团花结构纹样端庄稳重的形象不同，其绵延跌宕的势态更加凸现了以线见长的中国造型艺术特征。那些纹样枝回叶转圆润流畅、线与线的回旋和重叠产生了奔突灵动的变化节奏，线条翻飞滚动，正是唐人豪放、激扬的精神面貌的体现。

唐代的花卉纹样经历了从初唐和盛唐时期抽象而注重装饰性的风格特征到中晚唐写实风格的演变，充分展示了它变化多样的装饰风格。在这个过程中经济的发展，手工业技术的进步，人们对于装饰美的需求的精进，以及外来文化交流的发展都为唐代的花卉纹样风格特征的形成提供了重要的物质和精神支撑。

为装饰而装饰的风格是唐代花卉纹样的主要风格特征之一，此种风格在盛唐时期达到顶峰。如宝相花与卷草纹这种仅为追求装饰效果而产生的非现实的

[1] 常沙娜. 中国敦煌历代服饰图案[M]. 北京：中国轻工业出版社，2001：177.

抽象装饰纹，正是这种为装饰而装饰的审美情趣的产物。另外，不同题材装饰纹样的混搭组合也凸现了这种装饰为先的风格特征。这些纹样中有不同植物的组合，如莫高窟初唐329窟的边饰中，一条缠枝主线上同生着葡萄与莲花，这种非自然的共生关系，就是以装饰为主旨的审美产物。也有将鸟兽纹与花卉纹样结合的，如陕西法门寺出土的凤蝶花卉纹圈金彩绣经袱残片上，凤纹的尾部变化出盛放的花卉造型（图3-10）。更有一些织物中将凤纹流云状的尾羽部分加入植物花果作为装饰。这些奇幻的组合方式充分体现了唐代装饰不拘一格、灵活多变，以装饰为本的非现实风格特征。

中晚唐时期，另一种清新自然的写实风格成为此时期唐代花卉纹样的主要风格特征。由于唐代经济与社会的稳定性遭到了不同程度的破坏，中晚唐美学风格也相对转变成为一种严谨的风格，在艺术的各个领域从现实中寻求稳定端庄的审美心态普遍出现。在绘画领域花鸟画的出现促发了写实风格植物纹样的出现，中唐时期唐代的花卉纹样走上了一条捕捉现实情感色彩和追求更为细腻的视觉感受的道路。这一时期折枝花形式的纹样占据了装饰舞台，“小簇花”纹作为折枝花卉纹样装饰形态的代表，开始大量出现在纺织品的印染形式中，小簇花常以散点排列在衣裙、披帛上作为装饰。如莫高窟130窟都督夫人太原王氏及其侍从所穿衣裙上都可以见到这样的小簇花纹样[1]。这种追求打破了重装饰重寓意的非现实风格，取材于自然，描画花草植物自然特征的写实风格成为装饰纹样的主流（图3-11）。

图3-10　唐代凤纹（摹纹）

图3-11　莫高窟130窟都督夫人（摹本）

[1] 常沙娜. 中国敦煌历代服饰图案[M]. 北京：中国轻工业出版社，2001：87.

二、唐代服饰织物中的典型花卉植物纹样

（一）唐代牡丹纹

唐代的花卉植物纹样在传承前代的基础上，演变出了丰富的纹样形式与构成方法，种类繁多。作为主要的装饰纹样，花卉、植物纹出现在社会生活的多个领域，特别是在织物纹样变化与女性服饰装饰上，花卉植物纹样几乎成为最为主要的题材选择。

牡丹纹是我国工艺美术装饰中应用历史最久、范围最广的一种纹样。唐代对牡丹的喜爱为历代之首，这种对牡丹的喜爱，除了牡丹特有的花色之美外，还有其特定的社会原因。[1]相传，唐玄宗赏牡丹时问侍臣陈正己："牡丹诗谁为称首？"陈正己答道："李正封诗云：国色朝酣酒，天香夜染衣。"自此便有牡丹为"国色天香"一说。又传唐玄宗命人将呈献的牡丹栽于仙春馆，贵妃将沾在手上的口脂印于花上，第二年花开，在牡丹的花瓣上竟然呈现出指甲的痕迹，玄宗将这种牡丹赐名为"一捻红"。足可见唐代对牡丹之爱与帝王喜好不无联系。

牡丹纹在唐代服饰及工艺美术中应用颇多，如织锦、金银器、蜡染、铜镜、石刻、彩绘壁画等。牡丹花纹常以团窠形式出现于服装的肩部，也有以折枝纹样的形式出现在服装的胸围部分，或者与缠枝纹样结合出现于服饰的边饰中。这些牡丹纹多以刺绣、印染的手法表现，色彩丰富，工艺精美（图3-12）。

图3-12　唐代牡丹纹（摹纹）

（二）唐代宝相花纹

唐代装饰纹样中的宝相花纹，是一种完全非现实的变化纹样，脱胎于忍冬纹和莲花纹的组合，经过艺术加工所形成的一种新的花纹。它吸取众花的形象特点，简化提炼，经由程式化、样式化的处理，极富装饰性。唐代宝相花纹的

[1] 田自秉，吴淑生，田青. 中国纹样史[M]. 北京：高等教育出版社，2003：228-229.

花瓣形似如意，花朵多作圆形适合纹样，外形工整，结构严谨，富丽华美，因其花型优美、含义俊雅，在唐代装饰应用中最为突出。

唐代的宝相花纹样是唐代最为突出的植物纹造型，在唐代的典籍记载中有“宝花”织物纹样的记载，而宝花就是宝相花。宝相花并不是一种现实花卉的写实，它的花型吸收了多种具有吉祥寓意花型的特征，如来自佛教的莲花，代表世俗富贵的牡丹、多子多福的石榴花等，实为众花之中的龙凤。宝相花并没有固定的形象，却都以中心“十”字结构或中心放射结构构成，其花瓣的造型变化多端，总体可分为卷瓣、云曲瓣、对勾瓣三类。卷瓣又可分为正卷瓣与侧卷瓣两种，正卷瓣的花型为正面造型，瓣尖内卷且呈云曲状；侧卷瓣则表现花朵的侧面造型，一般两两瓣尖相对合二为一。云曲瓣是另一种表现花瓣正面造型的花样形式，与正卷瓣不同的是，花瓣瓣尖并不内卷而是直接呈现出云曲的样式。对勾瓣是由条带状两端内卷对向构成。宝相花的造型通常以上述的瓣型为主其余为辅。瓣瓣叠套，变换无穷，雍容华美（图3-13）。

在敦煌莫高窟中存有大量以宝相花装饰的衣饰，随着洞窟年代的变化，我们或可窥见宝相花流变的历程。唐初期的宝相花纹样形象基本呈现出方形，形象也比较简略呈现出四瓣式，或在四瓣之间生出四个小瓣，形式简洁，程式化特点突出；盛唐时宝相花的轮廓变得圆润，瓣型装饰形态也更加丰富，基本上已具有了后世圆形的特点，至开元时期宝相花的花型出现了写实的特点，并吸收了当时牡丹花纹的特点，逐渐摆脱了原有刻板简素的样貌，花型更加丰满，花瓣层次繁复，花瓣和花心也采用了写实的形态，不再拘泥于原有的中心对称造型。

唐代织锦、金银器、铜镜中宝相花纹样出现频繁。在织锦中，宝相花花瓣重叠繁复，富丽而优美，是盛唐风采的集中体现。[1]现出土的唐代织锦文物中，宝相花纹样形式多样，有与鸟兽组成的团花图案，也有与卷草组成的宝相花缠枝纹样，其色泽艳丽，配合织锦特点多色并置雍容华丽（图3-14）。而唐代金银器、铜镜中的宝相花，有正面表现的，也有侧面描写的，式样颇为多样。

图3-13　唐代宝相花纹（摹纹）

图3-14　唐代宝相花纹锦（西安大唐西市博物馆藏，作者摄）

[1] 田自秉，吴淑生，田青. 中国纹样史[M]. 北京：高等教育出版社，2003：228-229.

（三）唐代卷草纹

卷草纹，是一种呈波状形态向左右或向上下延伸的花草纹，盛行于唐代。卷草纹源于魏晋时期的忍冬纹样，在唐代得到进一步发展，最终成为享誉中外的特色纹样，日本称其为“唐草”就是因为其盛行于唐代而得名。唐代卷草纹样多见于石刻和砖刻，枝条卷曲呈波状，由较多的弧线构成，活泼流畅，形式优美。[1]运用于唐代服饰中的卷草纹常与其他花卉纹样组合成为缠枝纹样，常见于半臂装中作为边饰。

早在南北朝时期，卷曲的植物纹样就已出现在传统纹样中，比更早之前出现的忍冬纹样从结构到韵律都更加丰富，这样的纹样不再是忍冬纹所常见的一叶三、四瓣的常规形态，而是以叶为中心两侧分瓣，形似两片忍冬叶背向而合、叶叶相连形成典型的S形结构。此后从隋到唐卷草纹日趋成熟，并成为主要的植物纹样之一。唐卷草纹样早期形态依然保留有忍冬纹的痕迹，枝蔓纤细，期间所缀花头造型近似于宝相花纹；随着唐代文化的繁盛与审美趣味的变化，卷草纹造型越发饱满，花叶变阔大，叶瓣也更加繁复饱满，花头则多采用石榴花造型，因此也被称为“海石榴花纹”；至晚唐卷草纹又复归于简练概括的形式。相较于唐代同时期的其他缠枝纹样，如缠枝石榴纹、缠枝葡萄纹、缠枝牡丹纹等，卷草纹则显得更加抽象，比其原型忍冬纹，卷草纹基本脱离了原有的植物写生形态，似乎仅仅从审美的需求角度出发，枝蔓的形态翻转往复，缀于叶间的花朵形态也会随着流行趋势的变化而变化。

从某种角度来看，卷草纹与宝相花纹有着异曲同工之妙，这也是此两种纹样传奇般地占据了唐代植物纹样的巅峰，成为交相呼应的明珠的原因。不仅如此，通过这两种纹样相结合产生的缠枝宝相花纹更是结合了两种纹样各自的长处，在缠枝宝相花纹中宝相花的瓣型替代了卷草的叶成为缠枝排列，花为主、枝蔓为辅，整个纹样只见花瓣翻飞，富丽堂皇。它比宝相花更加肆意，却比卷草纹样紧凑，非常适于用刺绣手法对纺织品进行满地装饰，如青海都兰出土的唐代缠枝宝相花纹绣鞯正是这一手法的展现。

（四）唐代葡萄纹

中国很早就有了对葡萄的记载，《诗经·国风·周南·樛木》：“南有樛木（弯曲的树枝）、葛藟（野葡萄）累之；乐只君子，福履绥之。”《诗经·王风·葛藟》：“绵绵葛藟，在河之浒。”这里的葛藟，即指葡萄，但这是一种本地产的野生葡萄。对于这种野生葡萄，有研究者指出：新石器时代早期，南方地区的玉蟾岩文化层中浮选出的植物遗存中，就有野生葡萄。[2]但是，这和通常后世所说的“葡萄美酒夜光杯”中的葡萄应是完全不同的品种，那些存于古诗与图案装饰中的“葡萄”大约是自汉代引入的西域葡萄，其后所带来的饮食、文化以及装饰方面的贡献非常巨大。

---

❶ 田自秉，吴淑生，田青. 中国纹样史 [M]. 北京：高等教育出版社，2003：228-229.

❷ 北京大学中国考古学研究中心，北京大学古代文明研究中心. 古代文明：第一卷 [M]. 北京：文物出版社，2002：36.

《汉书·西域传·大宛国》载："汉使采蒲陶、目宿种归。"说明汉使从西域得此物种，之后在中原普遍种植。"葡萄"一词是外来语的译音，也曾被写为"蒲桃"或"蒲陶"，有学者认为是从希腊语"BOTPUSO"的发音演变而来的。[1]葡萄作为装饰纹样的题材，日本关卫的《西方美术东渐史》中有这般论述："西亚细亚人——特别是亚述人——老早就将葡萄艺术化而把它应用于纹样上，但那些纹样也是传自南欧，即在公元前4世纪时从希腊传到罗马的。在埃及的亚历山大里亚地方发掘的古代玻璃壶中，也有描葡萄纹样的，但这一葡萄唐草纹样之最发达的区处，乃后世的萨珊朝及东罗马。"[2]在古埃及的服装织物上葡萄纹造型也十分常见，如古埃及披肩上的葡萄纹。葡萄装饰纹样在整个古代西方装饰历史上也占有重要的地位。古希腊和古罗马神话中都有代表丰收的酒神，他们也以酒和狂欢之神著称。与神话传说酒神相关的装饰中多见葡萄的形象与纹样。在我国甘肃靖远出土的大夏鎏金银盘，盘的外圈是一层层呈放射状的葡萄纹环形装饰，独特的S形连缀结构使葡萄枝叶显得枝繁叶茂层次感丰富；希腊神话中的十二神头像装饰于圆盘内圈；盘中央是一男性神祇骑狮子的图案。林梅村先生认为："银盘上的这位'青年男神'无疑即罗马神祇巴卡斯（Bacchus），相当于希腊神话中的狄俄尼索斯（Dionysus）。"[3]在纺织品上，葡萄纹更是常见的装饰，而这也是葡萄纹样东传所依凭的主要载体。在我国新疆出土的汉代毛织物上已可见早期的葡萄纹造型，如山普拉出土的葡萄纹毛织物（图3-15），而已出土的汉代丝织物上的葡萄纹相对较少，但不少史料文献中都有对葡萄纹织物的记载，如《西京杂记》载："霍光妻遗淳于衍蒲桃锦二十四匹，散花绫二十五匹。"[4]由此可见，当时中原地区亦已出现葡萄纹样的织锦，并有相当的流通性。到魏晋南北朝时期，葡萄纹的运用更为普及。晋代陆翙在《邺中记》中专门提到"蒲桃文锦"。不仅在纺织品上有葡萄纹，同时期的金银器、石刻、漆棺等历史遗存上的装饰纹样中葡萄纹造型更是常见且形态丰富，由此可见葡萄纹在当时已经有了较为广泛的应用。

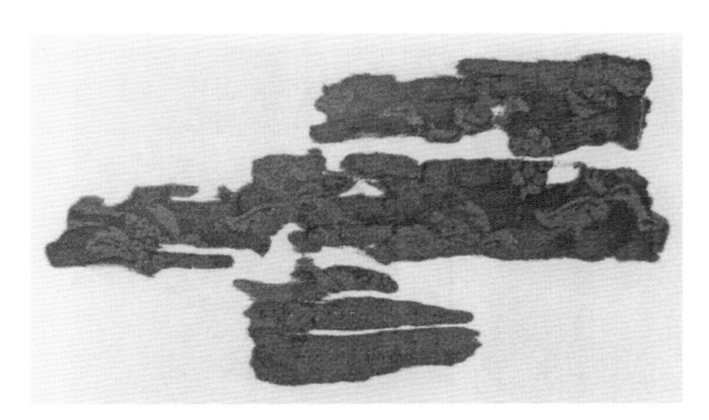

图3-15 山普拉出土的魏晋白缣地葡萄纹刺绣残片

图片来源：张晓霞，《中国古代染织纹样史》，北京大学出版社，2016年，第201页。

[1] 何新. 诸神的起源[M]. 北京：时事出版社，2002：40.

[2] 关卫. 西方美术东渐史[M]. 熊得山，译. 上海：上海书店出版社，2002：56.

[3] 林梅村. 汉唐西域与中国文明[M]. 北京：文物出版社，1998：169.

[4] 刘歆，葛洪. 西京杂记：卷一[M]. 北京：中华书局，1985：8.

隋唐时期，葡萄作为装饰纹样有了更广泛的应用，唐朝初年，由于疆域的变化，西亚以及突厥人的加入使葡萄装饰纹样得到了更好地普及。葡萄纹的流行伴随了整个大唐的装饰流行，除了单独的葡萄纹，葡萄与瑞兽、鸾鸟的组合纹样广泛运用于铜镜、金银器的装饰中。在唐代服装织物上葡萄纹也十分丰富，从形式上看，既有缠枝葡萄纹，也有花树葡萄纹。缠枝葡萄纹是织物中最为常见的形式，一般呈二方连续的带状边饰，也有呈环状的形式与团窠纹相配合组成新的图案，也有以四方连续的样式形成有趣的整幅图案，与前朝的葡萄纹相比，唐代的葡萄纹图案造型更加饱满，结合了卷草纹样气势的藤蔓枝叶配合饱满写实的果实，将大唐肆意华丽的审美表现得淋漓尽致（图3-16）。

图3-16　卷草葡萄纹绫（摹纹）

图片来源：赵丰，《中国丝绸通史》，苏州大学出版社，2005年，第255页。

第三节　唐代服饰织物中的动物纹样与几何纹样

一、唐代动物纹样与几何纹样的造型特点与风格特征

在唐代人们逐渐摆脱了宗教思想的束缚，转而关注于现实生活。外域文化的流入，使得动物纹样呈现出异域的特点，许多新的动物纹样出现在唐代的服饰织物中，如狮纹、羊纹、翼马纹等。初唐时期，动物纹样的形态比较程式化，保留有显著的外来文化的痕迹，其构图形式以团窠纹样为主，结构严谨，具有比较明显的几何化形态，属于装饰纹样的从属地位，鸟兽一般居于纹样中心，整体纹样以寓意为主。与动物纹样不同，此时的几何纹样延续了前朝纹样的特征，随着唐代染织技术的发展，一种带有色彩变化的彩条纹开始盛行。

盛唐时期的国力得到了巨大发展，经济繁荣，文化昌盛，人们的审美情趣变得日趋享乐。新的审美倾向改变了人们对于纹样题材的选择，花卉纹样的盛行取代了前代走兽纹样在装饰纹样领域特别是纺织纹样中的地位，即使在走兽禽鸟与花卉共同出现的纹样中，植物花卉纹样的地位也明显上升并成为装饰纹

样的主导，此时的动物纹样也逐步摆脱了原有的规格定式，禽鸟走兽的纹样变得更加自如、形态生动。与初唐的团窠纹样不同，此时的动物纹样与植物纹样的结合变得更加富于趣味性。随着丝绸之路的不断拓展，盛唐时期的对外文化交流活动空前活跃，丝绸之路不仅带来了经济的发展，也将异域文化带入中国，多元文化的交汇带来了自由的思想与包容求新的态度，这样的态度为唐代装饰艺术的繁荣发展提供了良好的基础。此时的几何纹样也变得丰富，在题材上也与植物纹样互相交融，呈现出华丽多姿的形态。

到中晚唐时期，人兽纹和抽象的几何纹几乎完全被花卉纹样取代。安史之乱以后唐代经济逐渐走向衰退，盛世辉煌景象中对于富丽肆意风格的喜好逐渐被以回归自然、注意细节、严谨的审美风格所替代，以写实描物为基础的鸟雀衔花纹、鸟衔瑞草纹、鸟穿花枝纹等花鸟组合的纹样变得越来越丰富。

二、唐代服饰织物中的典型动物纹样与几何纹样

（一）禽鸟纹

隋唐五代时期，观赏戏乐毛色美丽的禽鸟成为流行。史载唐太宗曾与侍臣泛舟春苑，赞赏池中的珍禽，并令阎立本作画；唐玄宗曾专门派遣宦官前往江南搜罗禽鸟以供园池之乐，许多具有异域风情的禽鸟更因品类珍稀、羽毛绚丽而备受世人瞩目。在装饰纹样中，禽鸟纹的运用也极为广泛，除继承前代的凤凰、鸳鸯、大雁、仙鹤之类外，又新增了孔雀、鹦鹉、形似鸂鶒的五色鸟等新品类。这些禽鸟纹样造型生动，很好地将对自然形态的描摹与装饰性相结合，形态生动而富于装饰意味。如凤纹，凤纹造型在隋唐五代时期走向成熟，尤其是唐代凤纹更多地参考了自然中的禽鸟造型，形态姿势的刻画更加写实细致，而翎羽部分的造型则更具装饰性，甚至有时直接与花卉造型相结合，呈现出浓郁的装饰意味。又如“五色鸟”纹，许多唐代织锦或刺绣上的禽鸟纹用色斑斓，赵丰先生依据敦煌文书中记载的“五色鸟”锦，认为这些红、黄、青、绿、白五色装饰的鸟即为五色鸟。[1]再如孔雀，“动摇金翠尾，飞舞碧梧阴”，在唐代这种来自南方的珍禽已被大家熟知，成为唐代织物艺术创作的绝佳题材。禽鸟纹样形式多样，有在团窠中对向而立的，也有单只站立的，晚唐时还出现对飞的团花式禽鸟纹，被称作“喜相逢”。此外，禽鸟纹还多与花枝、绶带、璎珞等相组合，形成了丰富多彩的鸟衔绶带、鸟衔璎珞、鸟衔花枝、鸟踏花、鸟穿花枝等纹样。

1. 鸟穿花枝

鸟与花枝的组合早在先秦时期的楚国丝绣品中就已出现，只是当时鸟是抽象形态的凤鸟，其形态具有图腾化的意味，花枝形态则带有强烈的几何纹样特征。而魏晋之后至唐代，随着文化交流的深入受到西方装饰风格的影响，这类

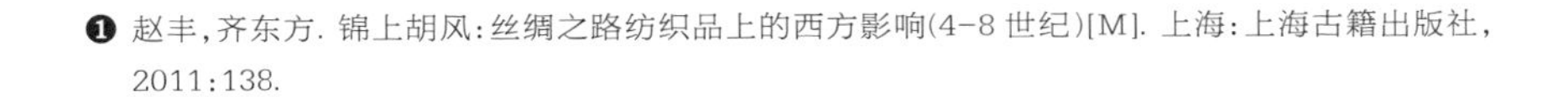

[1] 赵丰，齐东方．锦上胡风：丝绸之路纺织品上的西方影响（4–8 世纪）[M]．上海：上海古籍出版社，2011：138.

纹样的造型风格变得多样化，鸟的造型也更加趋于写实。禽鸟不再局限于传统凤鸟，各种鸟类都纷纷登场，源自西方的孔雀、鹦鹉、鸵鸟等都大行其道。花枝造型也是由西方的蔓草纹演化而成。如魏晋时期的鹰蛇飞人罽，纹样中有花枝与鸟的造型，织物中由葡萄藤构成对向的弧形花架，鹰、蛇、雀鸟、羽人游戏其中，带有明显的西方装饰风格。隋唐时期这类纹样在植物纹样盛行后变得更加丰富多彩。

2. 鸟衔绶带、璎珞、花枝

（1）鸟衔绶带、璎珞：在唐代鸟衔绶带、璎珞的图案已经相对成熟。图案中含绶鸟置于联珠圈内，鸟所衔绶带均为联珠式。这种联珠团窠、联珠状绶带以及立鸟的造型具有典型的波斯萨珊风格，联珠状绶带在波斯萨珊金银器中常可见到，而所衔联珠绶带的样式与安息和萨珊金银币上王者所戴的项链相似，是王权或权力的象征。8世纪下半叶至10世纪初，花结的形式逐渐取代了联珠绶带的形式。

“结”在中国有着悠远的历史，并具有特殊的意义。上古已有“结绳记事”的记载，《唐六典》载：“组绶之作有五（一曰组，二曰绶，三曰绦，四曰绳，五曰缨）。”[1]花结由绶带盘系而成，正是鸟衔绶带纹样本土化变迁的表征。唐代对绶带花结的利用是很普遍的，既用于服饰，也用于器物的把手或装饰；既具功用性，也有装饰性，并带有美好的意义。如唐诗中常提到同心结这种蕴含对爱情的寄托的花结，即是这样的装饰。唐代刘禹锡的《杨柳枝词》中描述：“如今绾作同心结，将赠行人知不知。”李白的《捣衣篇》中：“横垂宝幄同心结，半拂琼筵苏合香。”也有关于同心结的描述。

绶带结花的造型还大量运用于中晚唐的装饰纹样中。其形式有三：一是饰于动物的颈部。这种形式在唐代较之北朝时期更为流行，且绶带形式也更为丰富。二是鸟衔绶带。绶带最初的形式为联珠式，后为璎珞形式取代。三是与花草纹结合，运用于团花中。

鸟衔绶带的形式，除作为装饰纹样外，凭借着鸟的类型也被用于唐代官员服装品级的界定，《新唐书·车服志》记载，文宗即位（827年）时，“袍袄之制：三品以上服绫，以鹘衔瑞草、雁衔绶带及双孔雀”。[2]现存于大英博物馆的“孔雀衔绶纹二色绫”，绫纹中孔雀衔着同心结样式的绶带，据赵丰先生考证，这样的纹样即为唐代正式官服图案之一。

早期的鸟衔绶带中的绶带为联珠式绶带，常下坠三串珠饰。到中晚唐，绶带中的带消失了，只剩下珠串和中间隔的珠花，而这就是我们常说的璎珞。璎珞指用各种珠玉、珍物连接而成的花色串饰，因由绳线编结而成，故也作“缨络”。璎珞最初作为装饰多用于佛像中，到唐代，璎珞便不再只是佛像中超然物外的存在了，转而走入寻常生活中并成为一种项饰。随着绶带形式的转变鸟衔绶带也变化为鸟衔璎珞的形式（图3-17）。

[1] 李林甫. 唐六典：卷二二 [M]. 陈仲夫，点校. 北京：中华书局，1992：575-756.

[2] 欧阳修，宋祁，等. 新唐书：卷二十四 [M]. 北京：中华书局，1975：531.

（2）鸟衔花枝：有两类形式：最早出现的鸟衔花枝纹样为对称式，成对出现的鸟共同衔着一个花枝，花枝位于两鸟之间的中上端，花枝有两个分枝由两侧对称的双鸟衔在嘴中；另一类则是晚于双鸟衔枝出现的单只鸟衔花枝纹样，纹样中单只的鸟或为站立或为飞翔状，喙中衔有一花枝，其样式较双鸟衔花枝纹样更加生动自然。

鸟衔花枝的纹样形式在北朝时期和隋朝就已经出现，现出土于吐鲁番阿斯塔纳时期的"孔雀贵字纹锦"上，中间的花枝于下端分枝，与孔雀的喙尖相毗邻，花枝虽未衔入鸟喙中，但已初步具备了鸟衔花枝早期的形态。到唐代这种形式得到进一步发展。陕西乾县永泰公主墓中棺椁基石边饰上的花鸟纹就是双鸟衔花这种对称结构纹样，对称式的卷草被两侧的鸟衔着好像花枝被拉开一样（图3-18）。这种对称式的鸟衔花枝纹样在出土的唐代织物资料中较少，但比较唐代铜镜和金银器纹饰，这样的形式则非常常见，花枝形式也很多样，有的花枝在下端还会合成一束璎珞。由此可见，此类对称式鸟衔花枝纹样是8世纪中叶以前唐代装饰纹样的主流，织物中这样的纹样大抵也流行于同一时期。

图3-17　红地含绶鸟纹锦（西安大唐西市博物馆藏，作者摄）

图3-18　永泰公主墓中棺椁基石边饰上的花鸟纹（摹纹）

第二类单鸟衔花枝纹，由现存出土文物可推知其出现时间最早为8世纪初期，至8世纪后半叶到10世纪盛行。染织纹样中，此类纹样的大量出现也正是这一时期。它的流行是与中晚唐时期植物纹样写实化审美流行的大环境密不可分的。中晚唐时期，鸟衔花枝的纹样完全打破了传统纹样中因循刻板的格律装饰样式，纹样中鸟儿自由飞翔，生机盎然，花枝的形态也配合着雀鸟的动态自成形态，充满生趣（图3-19、图3-20）。

图3-19　花鸟斜纹锦（中国丝绸博物馆藏，作者摄）

图3-20　唐代金银器上的纹样（摹纹）

（3）鸟踏花：在唐代大部分动物团窠纹样足下都会踏着花台，禽鸟类自然也是如此。饰有禽鸟类团窠纹样的花台多为棕榈叶式或联珠板式，具体情况往往和组成团窠的框架图案相呼应。有研究者认为，鸟足下踏棕榈叶式花台的为粟特锦，踏联珠板式花台的为波斯锦。[1]无论哪种花台，其纹样的起源都与外域文化相关，如团窠中禽鸟踏着棕榈叶样联珠板式花台并衔绶带的纹样是中亚、西亚的装饰形式，有的花台中间还生出花蕾，花蕾造型类似萨珊生命树的形式。但是鸟踏花台或花板的纹样一旦脱离了"窠臼"的禁锢，在非团窠的装饰区域，花台或花板便被花朵的造型所取代，有时也会是盛开的花盘，这样的纹样我们常常可以在唐代的石刻、金银器、铜镜装饰纹样中看到，如永泰公主墓棺椁基石边饰上的花鸟纹和陕西法门寺出土的唐代金银器上的纹样。织物上的鸟踏花形式的流行则稍晚于上述时期，这大约与当时写实风格的花卉纹盛行相呼应。

佛教中常会出现以花为座的装饰形式，许多佛教造像和壁画中都有莲花座的形象，不仅如此，莲花作为佛家七宝也常被用于装饰托载圣器的底座，如佛像、香炉、宝瓶等。足踏莲花，最早记载于《南史・齐本纪下・废帝东昏侯》：（东昏侯）"又凿金为莲华以帖地，令潘妃行其上，曰：'此步步生莲华也。'"[2]南朝画像砖上也有凤鸟踏莲花的图像。而至唐代，鸟踏花纹样中的花已不再拘泥于莲花，牡丹、山茶等诸多花型频繁出现，在织物上禽鸟踏花翩然欲飞的形式更是姿态万千。与团窠纹中具有外域文化风格的鸟踏花台纹样相比，这样自然随性、样式丰富的鸟踏花的形式则更加符合唐代纹样审美的需求。

（二）胡风氤氲的动物纹样

在染织纹样中唐代的动物纹样从题材到造型特征都带有极强的外域文化特点，受西亚、中亚动物纹的影响显著。例如，鹿纹、羊纹、狮纹、翼马纹、狩猎纹等，其审美特点、动物形象甚至是构图组成都与粟特或波斯萨珊装饰艺术相同。当然并非所有外域的动物形象都被保留下来，中国传统文化审美情趣作

[1] 许新国. 西陲之地与东西方文明［M］. 北京：北京燕山出版社，2006：247-256.

[2] 李延寿. 南史：卷五［M］. 北京：中华书局，1975：154.

出了符合自身的筛选，如羊、鹿、狮、翼马等，这些动物或在中国传统文化中具有吉祥美好的蕴意，或是虽源自外域却依然具有被中国文化认可的美好意义，故最终融合于中国传统装饰艺术之中。而其他一些纹样，则被摒弃于唐代的动物纹样流行之外。

1. 羊纹

羊在古代中国一直是吉祥的象征，《说文解字》："羊，祥也。"秦汉金石多以羊为"祥"，"吉祥"写作"吉羊"。甚至是作为汉字部首的"羊"也常与美好的寓意相连，西域羊纹显然极易被中原装饰艺术所接纳，因此当带有胡风的羊纹进入中原就被愉快地接受了。唐代大部分带有外域风格的羊纹均延续了联珠团窠纹样的特点——夸大的羊角或足踏花台。随着羊纹在中原的流传，羊纹形象吸收了中原文化后逐渐发生了变化，羊的形象变得更加写实，其形态也愈发生动。如现藏于日本正仓院的花树对羊纹绫，花树下两只对羊姿态生动地回首而望，联珠、花台、项饰都消失了，原有的域外胡风已不复存在（图3-21）。

2. 鹿纹

在西方鹿纹常见诸各种徽饰之中，在波斯纺织品中也屡屡见到，是很常见的一种装饰纹样，一般都会配有象征权力的绶带以及夸张的鹿角。在佛本生故事中鹿更是神佛的化身，九色鹿的故事在敦煌壁画中有着完整的描述。早期唐代的鹿纹基本继承西方鹿纹的主要特点。如新疆阿斯塔纳出土的"花树对鹿纹锦"上完整遵循了波斯风格，联珠团窠、颈部饰有联珠装饰、雄壮威武的鹿角等，有趣的是对鹿的中间又有对称的"花树对鹿"字样，这也是唐代织造的仿波斯锦的特点之一（图3-22）。中晚唐之后，鹿纹的形式进一步本土化，虽然还是以团窠纹样为基础，但颈部的装饰消失了，鹿角的造型变得随意，鹿身上的装饰纹样也日趋本土化。

图3-21 花树对羊纹绫（日本正仓院藏）
图片来源：张晓霞，《中国古代染织纹样史》，北京大学出版社，2016年，第209页。

图3-22 "花树对鹿"字样仿波斯锦
图片来源：张晓霞，《中国古代染织纹样史》，北京大学出版社，2016年，第208页。

3. 狮纹

唐代，人们对狮子这种西方来的动物有了更多的认识。西域诸国，如吐火罗国、波斯、大食、米国等都曾向唐朝贡狮子。唐初虞世南作《狮子赋》，称狮子为“绝域之神兽”。在唐代帝王陵中狮子作为神兽往往立于神道最里端，是唐代帝王陵的定规，其形象则非常本土化，卷鬃圆目并不写实，这与大多出现在唐代纺织品上的狮纹图像颇为相似。在唐代织物上的狮纹多为彩绘或提花织造，现存于日本正仓院的“狮子衔花彩绘麻半臂”上正是这种彩绘狮纹，其间彩绘的狮纹立身、卷鬃、圆目，神态生动，威严中透着娇憨与嘴边的植物纹呼应成趣（图3-23）。唐代织造的狮子纹种类较多，有团窠纹和配合缠枝纹样的纹锦，在这些织锦中，狮纹的形象有偏于异域风格的也有与彩绘相似的本土化狮纹，大约因流行时间不同而产生不同形象的狮纹，如日本正仓院的“花树狮子人物纹绫”与“缠枝狮子纹锦”。

4. 翼马纹

在我国古代马具有极其重要的社会地位。《新唐书》中曾认为马是国家的武力装备，没有马国家就危亡了。不仅如此，在唐代骑马甚至也曾成为特权与身份的象征，乾封二年（667年）唐政府颁布法令禁止工商阶层乘马。在唐代还有另外一种神话中的马——翼马，作为一种幻想中的动物，翼马长有双翼又被称作天马，李白有咏天马诗：“天马来出月支窟，背为虎文龙翼骨……天马呼，飞龙趋，目明长庚臆双凫。”在唐代帝王陵寝中，翼马作为主要的神兽被置于神道最为显著的位置，足可见其地位的重要性。

翼马也出现在唐代染织纹样中，几乎所有的唐代纺织品中马的形象都是这种长有双翼的骏马，我们不难看出翼马纹样造型受西方装饰元素的影响极大，波斯、粟特艺术都造就了唐代的翼马纹样浓郁的异域之风。与同时期其他受波斯、粟特纹样影响的几种动物纹一样，唐代织锦上的翼马颈部通常为团窠纹样、马身饰有绶带，颈鬣为三花造型（图3-24）。

图3-23　狮子衔花彩绘麻半臂（日本正仓院藏）

图片来源：张晓霞，《中国古代染织纹样史》，北京大学出版社，2016年，第209页。

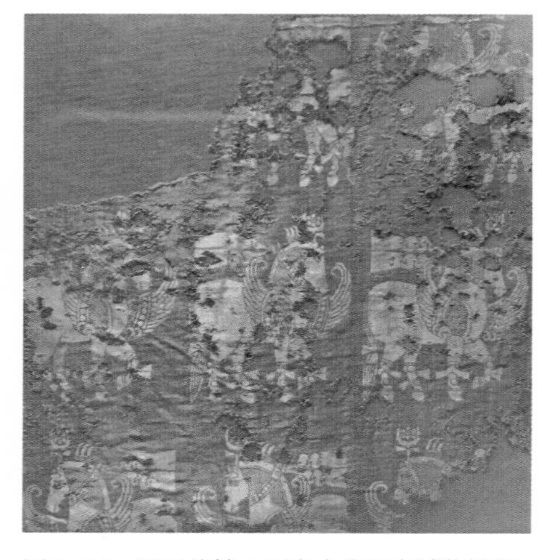

图3-24　翼马纹锦（西安大唐西市博物馆藏，作者摄）

5. 狩猎纹

唐代贵族生活崇尚享乐，狩猎活动就是其中的乐事之一，唐懿德太子墓、永泰公主墓内的壁画或陶俑都有这方面的艺术形象。骑射主题在古代西亚、中亚也具有特别的意义，这类题材通常是为了歌颂英勇或炫耀力量，在萨珊装饰艺术中还带有宗教的意味。在唐代织锦中也有狩猎纹的表现，与前朝注重叙事性风格不同的是，唐代的狩猎纹样基本保持了波斯萨珊风格。

唐代狩猎纹样具有更强的装饰性，样式表现也具有一定的程式化特征，大多为团窠的构成方式，在团窠中心是萨珊风格的以生命树为轴心两侧对称呈现狩猎骑射的形象。即使是散点构成的狩猎纹，其人物形象也是标准的"波斯射"，即帝王骑马转身回首射箭的样式，而马和其他装饰也具有浓重的外域风情。

（三）彩条纹

早在汉代已出现过彩条纹装饰的毛织物，在许多已出土的北魏壁画墓、敦煌莫高窟的北魏和隋代壁画中均有穿着彩条纹织物服饰的情况。到唐代，随着织造与印染技术的发展，彩条纹被广泛应用于丝织物中，如"间道锦"和"晕裥锦"。晕裥原指一种条纹状的染缬效果，后以织彩为纹的方式在织锦上表现此纹样，遂有晕裥锦晕色的效果通过显花的经线按色彩渐变依次排列。当经线、纬线都参与显花时，可织出晕裥提花的效果[1]。间道锦较晕裥锦则比较简略，只是由间隔的彩条构成，没有晕染的效果。除了单一的彩色条纹样式外，还有更为华丽的样式，以彩色的条纹作为地色，其上装饰有缠枝花卉纹样或花鸟纹等，色彩绚丽、变化丰富多样，极其华美。条纹锦常被做成间色裙，深受唐代女性欢迎，现存唐代墓室壁画和三彩舞女俑中常会有这样的女性裙装，初时条纹较宽，后期则变得更加细致，并作为当时唐代女性的时世装而广为流行（图3-25）。

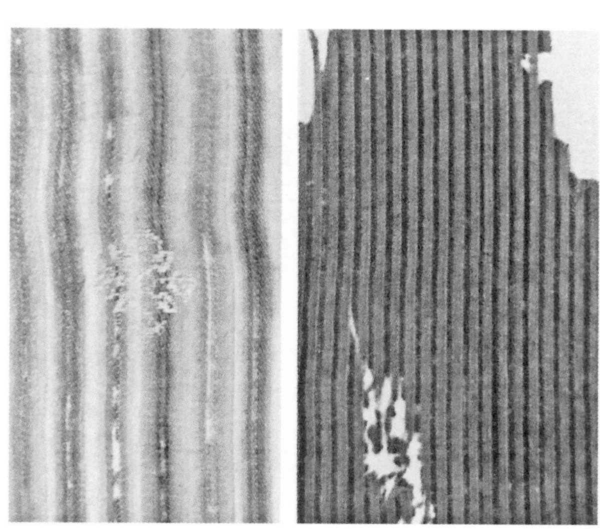

图3-25　晕裥锦和间道锦

图片来源：张晓霞，《中国古代染织纹样史》，北京大学出版社，2016年，第211页。

[1] 张晓霞. 中国古代染织纹样史［M］. 北京：北京大学出版社，2016：212.

唐代是一个华丽浪漫的时代，由于纺织业的发展，服饰的色彩比前朝更加丰富，除了延续之前的服色传统外，唐代最为突出的是在女性着装中对于红色的偏爱，这种热烈而浓郁的色彩与这个昌盛的时代相得益彰。不仅如此，在唐代与皇权、政权相适应的服饰也有了更加完整的色彩体系；道教与佛教的发展也为服饰色彩添加了带有精神意义的偏爱；华丽的器具，异域的交流，华丽的色彩及搭配纷拥而至，一起合奏出一曲辉煌灿烂的色彩凯歌。

第一节　概述

一、唐代服饰色彩特征的历史成因

纵观中国历史，大部分学者都将秦汉或隋唐看作是无法拆分的大时代，隋唐两朝的政治文化体系基本秉承一脉，陈寅恪先生认为隋朝虽国祚短促，但其典章制度却基本被李唐所承袭，并因此认为这两朝典章体制基本可以视为一体。隋唐政治文化的结合较之秦汉更为紧密，且从文化发展来看其发展层次也更高，隋唐政治文化皆源自关陇集团，且瓜葛勾连，从思想层面上看隋唐相关制度具有很好的延续性基础。在这一点上，西方学者和中国学者的认知是一致的，虽然《剑桥中国隋唐史》并不完全认同陈寅恪关于隋唐政治历史中关于关陇集团及山东集团斗争所起的关键性作用的观点，但无疑也认可了隋唐政治制度有机延续的观点。[1]秦汉之后中国经历了近三百年的割据与动荡之后，隋唐再

[1] 崔瑞德，费正清，鲁惟. 剑桥中国隋唐史(589-906年)[M]. 北京：中国社会科学出版社，1992:35.

04

第四章 唐代服饰色彩

目录

01 第一章 唐代女性服饰风格特征

02 第二章 唐代女性服饰形制研究

序

服饰的发展贯穿了整个人类文明的发展，它记录了不同民族文化发展的历史，是人类最古老的文明之一。本书从唐代服饰入手，通过对唐代出土文物、历史文献中唐代服饰与唐代历史文化之间、唐代服饰与中国传统服饰之间的相互关系；系统研究唐代相关资料中的人物形象，了解唐代服饰的风格特征，梳理唐代服饰风格形成的原因，以及政治、经济、特殊的社会文化氛围等因素对唐代服饰产生的重要影响，具有重要的理论研究意义和现实意义。

西安美术学院服装系学科高地建设第二期项目是围绕“地缘文化+时尚”的实践教学培养模式，将关中地区出土的唐代服饰和当代时尚设计相融合，侧重于研究传统文化的传承与复兴，将地域传统文化转化为时尚设计的探索实践。本书分为6个章节，第一章唐代女性服饰风格特征由周婷副教授撰写、第二章唐代女性服饰形制研究由孙思扬副教授撰写、第三章唐代服饰织物纹样与第四章唐代服饰色彩由贾未名副教授撰写、第五章唐代首饰由段丙文副教授撰写，第六章活化设计由段丙文副教授整理撰写，全书描述了唐代服饰文化的流变、特点以及在现代语境下的应用。本书承载了西安美术学院服装系多位教师的努力与坚持，是这些教师多年教研教学的心血结晶。同时也特别感谢服装系多位同学的参与与帮助，本书中的多幅插图均出自他们的线稿表现。

陈霞

2020年6月

本书出版得到西安美术学院学科建设专项资金资助

主　编：陈　霞　　副主编：段丙文

执行主编：贾未名

参　编：陈霞、段丙文、贾未名、周婷、孙思扬一次重新建构了一个统一的国家观念。许多在分崩离析的时代之下被弱化的礼仪制度被逐步恢复，“垂衣裳而天下治”的服饰礼制被再一次细化，并影响了后世整个封建社会，在这种礼服制度建构下，服饰色彩作为典章制度之一，表现出了其非常强势的一面。隋唐的服饰色彩制度指向鲜明，变化突出，通过这些典型表现与突出变化，隋唐的服饰色彩表现出了明确的时代特征。

二、唐代服饰色彩值得关注的几个方面

一是五行色尚的弱化。隋唐虽被看作是一个文化整体，但隋和唐皆拥有各自的王朝色彩象征，即色尚的选择。唐承隋为土德尚黄，旗帜用赤。并从唐代开始，黄色逐渐成为此后历代皇家的专用色彩，并且禁用于历代民间。也是从此时起，传承于历代的“五德始终说”所影响的五行色尚被打破并逐步淡化，政权中对于色彩的态度被更多因素所左右，“五行说”虽依然占有一定地位，但已经不再占有绝对优势。

二是品官服色的细化。隋炀帝时品官的服色被重新确立，到唐贞观年间，唐太宗采纳了马周的建议，进一步细化了用于标示品官身份等级的服饰色彩，中国古代各级官员的等级被进一步明确，并被严格划分，服色被用于身份和地位的象征。而这正代表着中国古代政治权力结构的变化，新兴官吏所代表的权力阶层取代了贵族权力集团，中国的封建化政治体系得到了发展与完善。与此同时，对于权力的追求与向往使得对色彩等级制度的“僭越”事件不断发生，甚至在整个唐代与色彩相关的“禁约”成为历任唐代帝王诏令的重点。

三是释、道色彩在生活世界中的世俗化及文化影响。隋唐时期，特别是唐代，佛教、道教在中国都获得了更大的发展。佛教变得更加普及和民间化，伴随佛教而来的异域色彩与中国传统色彩观念结合后极大地影响了中国社会生活中的色彩喜好表现。佛教的色彩融入民间，在沾染了民间烟火气的同时也影响着中国文化艺术的表现，而道教作为中国本土的精神寄托也融入了佛教的传播，由此衍生出的精神文化表现，如青绿山水和黑白水墨中佛教与道教色彩融于一体不分伯仲。

四是色彩感觉的文化意蕴的细化。唐代是一个辉煌华丽的时代，也是一个诗性的时代。来自文人阶层的诗性化特征也影响着人们对于色彩的感知，“色”不再仅是一个颜色文字化的标示而是被赋予了更多诗意化的感知，色相中加入了更多心理感知。通过对于色彩的重命名，色彩的文化意蕴更加丰富。间色丰富的层次成为各种文化表征中最为重要的色彩要素，至五代“天水碧”成为中国色彩中最具文化想象的意蕴展示。

五是唐代生活色彩的多元化表现。唐代作为万国来朝之邦的大国，外域色彩的流入丰富和影响了中华色彩的构成，甚至在某些时候成为流行的要素。唐代求新求异的造物思想，体现在社会生活的各个方面，如服色、织造、饰器、绘画、瓷器等，并在很大程度上对色彩的文化意蕴产生了影响。

唐代的色彩观念与当时的政治文化、宗教理念、美学观念相互影响与作

用，并造就了中国历史的文化高峰期。此时期所确立的色彩观念在很长的一段历史时期里都对中华文明关于色彩的喜好与运用产生了极大影响，即使是现代的我们依然在很大程度上承袭了这样的色彩观念。

第二节　唐代服饰色彩中的帝王之色

唐朝继隋朝之后问鼎中原，李渊作为开国之君的作用在历代均不见经传，但实际上唐高祖李渊在武德年间已确定下唐朝很多重要的政治制度。如官吏体制的形成、制定法典、确立科举制度这几项与国家机器运转相关的重要制度，官吏体制确立了国家权力的层级；法典的制定与科举制度的确立则为之后唐代的政治构架的发展以及管理制度的健全打下了良好的基础。从这一点来看，唐高祖的历史地位远被低估了，因为唐太宗的光芒太过耀眼，以至于离得最近的唐高祖在历史中则显得黯然失色[1]。

封建时期中国的朝代更迭有着“五德始终说”的理解，即朝代的更替符合五行的相生相克原理，历代王朝的统治者都很在意自己的五行属性，所以五行规律所衍生出的相关色彩属性也成为王朝最高权力的代表色。西汉王莽政权时期“五行相生”说替代了“五行相克”说，到东汉“相生说”被确立下来，自此后的王朝五行之“德”的选择便延续了此种说法。隋为火德，唐接替了隋，按五行之法火生土，以土代火，因土属黄色故尚黄。《通典》“历代所尚”中记述“大唐土德，建寅月为岁首”，正是对此的确定。然而新的问题出现了，李唐袭承的火德是哪个火德呢？唐高宗时期，王勃著的《大唐千年历》中认为：“国家土运，当承汉氏火德。上自曹魏，下自隋室，南北两朝，咸非一统，不得承五运之次。”[2]虽然在当时这个论断被认为是“迂阔”，并不被认可，但到了唐玄宗天宝年间，这个说法被再一次提起，此时的玄宗——被万国敬仰的盛世之主采纳了这个说法，汉与唐之间的岁月被抛开，大唐承袭了大汉，如此伟大的两个朝代就这样被直接联系在了一起。

唐代土德的确立，使得黄色成为尚色也是中位之色，然而唐代所用的黄色却和隋代全民服用的黄色有着明显的区别。隋代全民服用的黄色是与五方正色标准较为接近的黄色，而唐代土德所指向的黄色则呈现出黄中带赤的赭黄（或者叫柘黄）色，封演《封氏闻见记·运次》中记载：“自古帝王五运之次，凡二说：邹衍则以五行相胜为义，刘向则以五行相生为义。汉魏共遵刘说，国家承隋氏火运，故为土德。衣服尚黄，旗帜尚赤，常服赭赤也。赭黄，黄色之多赤者，或谓之柘木染，义无所取。”[3]由此可见，对于唐代尚黄却选用了赭黄而

---

❶ 崔瑞德，费正清，鲁惟. 剑桥中国隋唐史(589–906 年)[M]. 北京：中国社会科学出版社，1992：134–169.

❷ 封演. 封氏闻见记：卷四 [M]. 北京：中华书局，1985：37.

❸ 同❷：36–37.

不是正黄的原因并不明晰。在《新唐书·车服志》中记有："初，隋文帝听朝之服，以赭黄文绫袍，乌纱帽，折上巾，六合靴，与贵臣通服。唯天子之带有十三镮，文官又有平头小样巾，百官常服同于庶人。"[1]那么赭黄作为帝王专用色是始自隋代还是唐代呢？在《旧唐书·舆服志》中则与《新唐书·车服志》不同，关于隋代帝王服色并未说明是赭黄，只是笼统地说"黄"色。在另一部中国重要的史书——《资治通鉴》中则采用了《旧唐书》的说法，在《旧唐书·舆服志》中记有这样一段文字："武德初，因隋旧制，天子宴服，亦名常服，唯以黄袍及衫，后渐用赤黄，遂禁士庶不得以赤黄为衣服杂饰。"[2]从武德初天子常服色彩的演变来看，天子服色是由黄色渐变至赤黄的，由此大约可知《新唐书》中的记载恐怕有误，再一次印证了帝王着赭黄色的服色是自唐代开始的。

虽然赭黄色在唐代之前也有被使用，但根据《北史》与《隋书》记载，当时的赭黄色并不是一种常规服色，而是多用于军事中的旆、幡，《北史》所记："綦母怀文，不知何许人也，以道术事齐神武。武定初，齐军战芒山，时齐军旗帜尽赤，西军尽黑，怀文曰：'赤，火色；黑，水色。水能灭火，不宜以赤对黑。土胜水，宜改为黄。'神武遂改为赭黄，所谓河阳幡者也。"[3]由此可见，喜欢赭黄色的使用也是因为五行生克的缘故，以土克水，同时在色彩中又保留了赤色。唐代之前对于赭黄色使用的记录较少，赭黄与柘黄色再次被载入史籍已是唐代。早期黄色与赭黄并未被规定为天子专用色，天子常服与臣子们均可以使用黄色，随着中央权力的加强，天子成为权力巅峰的代表，服色的区别也日趋明确，赭黄色的地位与专属性被确立了下来，服装色彩作为区分等级的标示作用日渐显现。

此时除了赭黄，其余黄色的使用还是比较普遍的，虽然在武德四年的诏令中已明确地规划了官吏们的等级色彩，如三品以上用紫，五品以上用朱，但黄色并未被明确限制。即便到了唐太宗贞观四年品官服色被修订，黄色也依然作为各官阶可通用的色彩。

赭黄和正黄成为最高等级色是个渐进的历程，初唐时黄色是全民皆可服用的色彩，渐而变成高等级色，其中赭黄更成为天子专属色。隋和初唐时期黄色的使用非常普遍，被大量的用作戎服色，或者被用作贴近底层的服装色彩，《旧唐书·舆服志》中记有："（隋大业）六年，复诏从驾涉远者，文武官等皆戎衣，贵贱异等，杂用五色。五品以上，通着紫袍；六品以下，兼用绯绿。胥吏以青，庶人以白，屠商以皂，士卒以黄。"[4]可见当时黄色的地位是较为低下的。至唐代五行土德的确立，使黄色成为尚色，为了摆脱黄色曾经的低下地位，色相的变化成为一种有趣的修正。初唐时，对于王朝代表色地位的提升就选用了

[1] 欧阳修，宋祁，等. 新唐书：卷二十四 [M]. 北京：中华书局，1975：527.

[2] 刘昫，等. 旧唐书：卷四十五 [M]. 北京：中华书局，1975：1952.

[3] 李延寿. 北史：卷八十九 [M]. 北京：中华书局，1974：2940.

[4] 同[2]：1951-1952.

从色相上改变色彩视觉效果的手段，天子绶带用的黄赤绶被巧妙地改成了黄赤相合的色彩，赭黄正式成为了天子专属色。天宝六年唐玄宗将乘舆案牍、床褥、床帏皆改为赭黄色与御袍一致，以求与身份吻合。天宝十年又将侍卫旗幡的色彩改为赭黄，据《旧唐书·舆服志》载："天宝十载五月，改诸卫旗幡队仗，先用绯色，并用赤黄色，以符土德。"[1]由此可见，赭黄色是真正代表唐代土德的色彩，从色相上看已不再是原本土德所指向的正黄色，可以说赭黄成为唐代尚色的新选择。

唐高宗总章元年除赭黄外的黄色也开始被禁用。而在高宗龙朔二年时，司礼少常伯孙茂道在奏请修改品官服色时，还曾强调各品级官员"朝参之处，听兼服黄"，可见黄色的禁用是在唐朝确立五十年之后的事。黄色被禁止普遍使用源于一次偶发的暴力事件，《通典》记载："前令九品以上，朝参及视事，听服黄。以洛阳县尉柳诞服黄夜行，为部人所殴。高宗闻之，以章服错乱，故此诏申明之，朝参行列一切不得着黄。"[2]洛阳县尉着黄衣而被夜间误殴，是由于黄色可以被各阶层人士穿着，从而导致章服等级混乱身份识别出现误差，甚至导致了误伤的暴力事件，这个因为服色等级不明而产生的混乱事件，直接引发了对于黄色的使用限制。唐高宗的禁止服黄令不仅是为了解决官吏的等级身份差异，从另一个层面也强化了色尚的地位。赭黄本就源自黄色，与正黄色是非常相近的同类色，关于土德所指向的黄色究竟是正黄还是赭黄本就无从考证，如此将黄色一起并入禁色的范围，使得赭黄与正黄之间的等级差异被弱化，二者同时被纳入皇家专属色，无疑扩展了色彩的维度属性，"黄袍"也成了皇权的象征。

《新唐书》记有关于李泌谒见唐肃宗的一段叙事："肃宗即位灵武，物色求访，会泌亦自至。已谒见，陈天下所以成败事，帝悦，欲授以官，固辞，愿以客从。入议国事，出陪舆辇，众指曰：'着黄者圣人，着白者山人。'帝闻，因赐金紫，拜元帅广平王行军司马。"[3]其中众言"着黄者圣人，着白者山人"中的"黄"，已不再需要明确说明色相，便可以使人了然其指向，足可见"黄色"在此时色彩的内涵意义已强过了它的基础功能，黄色与皇权成为相互勾连的对等关系。

黄色从唐高宗总章年间开始，成为最高等级的色彩，并一直影响着此后中国历代皇家的服饰色彩，自此黄色被固定了下来，脱离了"五德始终说"以及朝代更迭的影响，成为等级色彩的代表。色彩系统的结构在此时发生了变化，五德始终、五正色五间色的传统色彩观念被打破，色彩特征中的等级标识指向性得到明确与固化。早在唐初赭黄被从黄色系统中细化出来而成为权力顶端的色彩时，对于五德始终的态度就已经没那么认真了，一种更加务实的态度取代了原本虚无的命运之说，色彩在政治等级身份中的作用被加强，这与唐代天子

---

❶ 刘昫，等. 旧唐书：卷四十五 [M]. 北京：中华书局，1975：1954.

❷ 杜佑. 通典：卷六十一 [M]. 杭州：浙江古籍出版社，2000：350.

❸ 欧阳修，宋祁，等. 新唐书：卷一百三十九 [M]. 北京：中华书局，1975：4632.

注重现实的态度是分不开的。《旧唐书》中记有："贞观初，白鹊巢于殿庭之槐树，其巢合欢如腰鼓，左右称贺。太宗曰：'吾常笑隋文帝好言祥瑞。瑞在得贤，白鹊子何益于事？'命掇之，送于野。"[1]唐太宗对于祥瑞所持有的态度正是基于对现实的尊重，而这样的态度也表现在了色彩等级制度中。在修订品官服色前唐太宗曾与房玄龄等人有过这样的对话："以天下之广，岂可独断一人之虑？朕方选天下之才，为天下之务，委任责成，各尽其用，庶几于理也"[2]，物尽其用、各司其职的理性态度致使赭黄因为其与大众使用的黄色之间的差异性被提高等级使用，而黄色系最终被纳入生活世界的色彩结构的最高等级。

自唐代开始，黄色系逐渐成为中国古代社会中最高等级的色彩，并绵延贯穿了整个中国封建社会时期，这样的观念打破了原本的五色系统构架，不仅是皇家，与之相生的官服色彩也受到了影响。色彩的象征意义发生了变化，等级与色彩的关系变得紧密，如杜牧在《华清宫三十韵》中写道："绣岭明珠殿，层峦下缭墙。仰窥丹槛影，犹想赭袍光"，在杜甫的《戏作花卿歌》中有"绵州副使着柘黄，我卿扫除即日平"，其中赭袍与柘黄都直接指代皇权，到宋代亦有宋太祖赵匡胤"黄袍加身"的典故。由此可见，权力、等级、地位等意义已经深植于色彩之中，对于色彩使用权的追求有时甚至成为隐晦表达志向的方法。但实际上，唐代黄色虽然在正式场合具有特殊意义代表了皇家象征，但实际上这样的代表在大多时候也特指赭黄色，在民间，黄色的运用还是比较随意的。唐文宗大和六年，在关于等级色彩的诏书中，依然将黄、白色指定为流外、庶人等的服色。

作为王朝的最高权力代表者唐代帝王的服饰有自己完整的冕服制度，并有自己完整的色彩体系。在唐代舆服制中天子出行有五辂八等车驾，而天子衣服，有大裘之冕、衮冕、鷩冕、毳冕、绣冕、玄冕、通天冠、武弁、弁服、黑介帻、白纱帽、平巾帻、白帢、翼善冠共十四种。其色彩规制除作为常服的赭黄袍与翼善冠外其他大多沿用隋制，而自此黄袍与翼善冠这样的配置就成为后世天子常服的标准，也奠定了黄色特别是赭黄色作为中国古代社会最高等级色彩的地位。除此之外，隋唐在标识等级身份的绶带色彩上差异甚微，唐代帝王的双大绶沿用了隋的玄、黄、赤、白、缥、绿六色。天子之下的太子等则减为四采，较之魏晋时期等级之间的色彩差距被扩大了。在色彩等级的构建中，等级制度更加明确化，天子的至高地位在这样的色彩制度中愈发凸显出来。

第三节　唐代服饰色彩中的权力之色

在中国古代政治文化进程中，官吏服色品级的确立是非常重要的事件，是中国色彩体系构建方式的转折点。

[1] 刘昫，等. 旧唐书：卷三十七 [M]. 北京：中华书局，1975：1368.

[2] 刘昫，等. 旧唐书：卷三 [M]. 北京：中华书局，1975：40.

自周代起，就有与品官身份等级相关的品色衣的规制，只是当时并未明确色彩与等级之间的关系。如《周书》记载“诏天台侍卫之官，皆著五色及红、紫、绿衣，以杂色为缘，名曰品色衣。有大事，与公服间服之”[1]。至隋炀帝时期，品官服色被确立，并被细化。到唐代，太宗贞观年间品官服色制度进一步规范了品官服色的等级，官员各级人等之间的等级差异被强调、区分也更加严苛，色彩成为等级、身份、地位的象征。

这样的色彩等级制度模式被继承下来，延续了整个中国古代社会，影响了中国色彩运用的主要观念。这种观念的产生与中国古代政治社会结构的转向是分不开的，自唐代开始以贵族集团为核心的政权模式被打破，以各级官吏构成的管理集团日渐完善，并在国家管理中占有越来越重要的地位，而品官服色的确定正是这种权力结构变化的符号化表现。色彩与权力地位紧密联系的结果，是使人们对于权力的追求，被表现为对服饰色彩的“僭越”事件的频发。有“僭”就有“禁”，这样对于色彩等级使用规定的僭越，也使得与此相关的“禁约”几乎变成了唐代皇帝诏令的重点。这种关于色彩使用权“僭”与“禁”的争执，延续了整个唐代之后的中国传统色彩运用历史，是中国传统色彩运用演化的主线。

“等级”是贯穿整个中国古代社会政治生活的关键词，在中国的儒家思想中各种人际关系都有关等级的划分，其中最为重要的便是君臣关系，所谓君臣之道即“君为臣纲”，“君虽不君，臣不可以不臣”的上尊下卑关系，唐朝品官服色的细化与强调正是对这种尊卑关系的强调。

唐朝从高祖武德四年开始对始于隋炀帝的品官服色进行新的修订，经唐太宗、唐高宗及唐文宗朝，前后经历了七次改动。除去朝服及公服外，由戎服变化而成的常服的色彩制度尤其严整，甚至取代了前者的地位。如《朱子语类》记载：“今上领衫与靴皆胡服，本朝因唐，唐因隋，隋因周，周因元魏。隋炀帝有游幸，遂令臣下服戎服……至唐有三等服：有朝服，又有公服，治事时著，便是法服，有衣裳、佩玉等。又有常时服，便是今时公服，则无时不服。”[2]

此外，唐代的冕服制度中绶带色彩的制定也体现了对于官吏等级划分的色彩运用。五品以上官员按品级高低各有色彩，一品为绿綟绶，二品及三品为紫绶，四品为青绶，而五品则为黑绶，其中一品的绿綟绶和二品、三品的紫绶，在用色数量上分别为四采和三采。紫绶三采中的“紫、黄、赤”就包含在绿綟绶的色彩构成中，而绿色作为间色在这里成为品官最高等级的色彩标识。这样的色彩规制与隋代各官吏绶带色彩规定基本相似，只是唐代的绶带等级中与贵族阶级相关的五爵绶带色彩等级不复存在，这也从另一个侧面说明了在国家中央管理阶层中，贵族集团的权力进一步弱化，品官的身份在统治阶层构成中的地位则被进一步强化了。

---

[1] 令狐德棻. 周书：卷七 [M]. 北京：中华书局，1971：123.

[2] 黎靖德. 朱子语类：卷第九十一 [M]. 王星贤，点校. 北京：中华书局，1985：2327.

根据《旧唐书·舆服志》记载："四年八月敕：三品以上，大科细绫及罗，其色紫，饰用玉。五品以上，小科细绫及罗，其色朱，饰用金。六品以上，服丝布，杂小绫，交梭，双纵，其色黄。六品、七品饰银。八品、九品鍮石。流外及庶人服䌷、绝、布，其色通用黄，饰用铜铁。"[1]这样的记载还可见于刘悚的《隋唐嘉话》："旧官人所服，唯黄、紫二色而已。贞观中，始令三品以上服紫，四品以上朱，六品、七品绿，八品、九品以青焉。"[2]虽然刘悚的说法与《旧唐书》不尽相同，但他描述的初唐品官服色，只有黄、紫二色，并未有《旧唐书·舆服志》中记载的"朱"色出现。关于这一点《新唐书》中的记载却与刘悚的说法一致，所谓"品官旧服止黄紫"，而唐太宗贞观年间的制度建设大多出自马周之手，他也是制定"三品服紫，四品五品朱，六品七品绿，八品九品青"[3]制度的主要人物。大约"朱"色作为朝服历代皆有，到底是马周忽略了还是《旧唐书》附会我们不得而知，所以武德年间品官服色是否还存在着"朱"色的使用我们现在尚无法考证。

唐太宗贞观四年八月，颁布了《定三品至九品服色诏》，再次细化了品官服色的规制，品官服色差异的重要性也得到进一步强调。唐太宗认为日常服饰等级制度不够明确，以至于"自末代浇浮，采章讹杂，卿士无高卑之序，兆庶行僭侈之仪。遂使金玉珠玑，靡隔于工贾；锦绣绮谷，下通于皂隶。习俗为常，流遁亡反，因循已久。莫能惩革……至于寻常服饰，未为差等"[4]。因此需要制定更加细化且可以清晰标识等级差异的品官服色制度体系，于是武德年间的品官服色被细化为"贞观四年又制，三品以上服紫，五品以上服绯，六品、七品服绿，八品、九品服以青，带以鍮石。妇人从夫色。虽有令，仍许通着黄"[5]。原有的三个等级色彩被细化为四个等级，原有的黄色被绿色与青色取代，等级色为紫、绯、绿、青，黄色并未被禁服，仍可通用。这四个等级呈现出"间、正"相间的形式，紫间（一品、二品、三品）—绯正（四品、五品）—绿间（六品、七品）—青正（八品、九品）。这种国家管理阶层等级色彩制度的构建包括了正色与间色的交替构成，而这也不仅是对色相视觉差异的追求。在《新唐书·车服志》中记载"大带"之色时，有"上以朱锦，贵正色也，下以绿锦，贱间色也"[6]，可见在贞观四年制定品官服色时，各色在色彩系统中作为正色、间色身份是在制度考虑范畴之内的。这使得在品官服色构成中呈现出了先间后正的色彩状态，一品到五品的上层色彩由"紫间绯正"组成，而六品至九品的下层色彩则由"绿间青正"组成，间色成为国家管理阶层的首要色彩。

[1] 刘昫，等. 旧唐书：卷四十五 [M]. 北京：中华书局，1975：1952.

[2] 刘悚. 隋唐嘉话：卷中 [M]. 北京：中华书局，1979：19.

[3] 欧阳修，宋祁，等. 新唐书：卷九十八 [M]. 北京：中华书局，1975：3901.

[4] 宋敏求. 唐大诏令集：卷一百 [M]. 北京：中华书局，2008：505.

[5] 同[1].

[6] 欧阳修，宋祁，等. 新唐书：卷二十四 [M]. 北京：中华书局，1975：514.

《定三品至九品服色诏》，再一次通过服色应用细化和强调了君臣的等级关系，而这正是品官服色制定的真正目的。此后在贞观五年八月，《旧唐书·舆服志》记："五年八月敕，七品以上，服龟甲双巨十花绫，其色绿。九品以上，服丝布及杂小绫，其色青。十一月，赐诸卫将军紫袍，锦为褾袖。八年五月，太宗初服翼善冠，贵臣服进德冠。"[1]在此时常服使用的面料被进一步规划，六品至九品组成的低级官吏阶层，不但从色彩上，甚至服饰纹饰和工艺上也被打上了等级差异的烙印。

在唐高宗龙朔二年，这样的色彩等级制度出现了新的变化，司礼少常伯孙茂道在奏疏中提出"深青乱紫"的问题。"深青乱紫"即青色和紫色在色相上过于接近，从而影响视觉的识别，这就造成了色彩等级差异在视觉上出现了混淆。这或许是由于当时的染织技术的问题，紫色的成分中本就含有青色，大约是色度较深的缘故就造成了这种现象。针对这一问题的解决方案则是用碧色取代青色，在唐代碧色大约是一种浅青白色，这就与紫色在色相上形成了鲜明的区别，于是一品到九品的服色变成了"紫间—绯正—绿间—碧间"。这样的色彩等级关系向我们昭示了一个新的现象，中国色彩观念正在逐步变化，正色间色观念不再像以往那样严格。此时"深青乱紫"及其解决方案的选择，都说明色彩的象征意义中"等级"成为需要关注的重点，官服色中紫高青低的等级关系被强调，而正色和间色问题则不再被关注。而自此紫色已经不再具有孔子"恶紫夺朱"之中"恶"的意义，在新的色彩的象征意义中它成为赭黄色彩之外最受仰望的色彩。作为间色的紫色走上了稳定且长期的权力巅峰。

然而"深青乱紫"改正方案的色彩制度变化应用仅持续了十二年，在唐高宗上元元年，品官服色又改回到"紫间—绯正—绿间—青正"这种间色、正色间隔的建构方式，从结构上来看，"紫间—绯正—绿间—青正"比起"紫间—绯正—绿间—碧间"，更具规律性，显得更为完整、合理。此外，这次品官服色制度的修正进一步对各官阶色彩应用做了细化规范，三品以下六个品阶的色彩不再是两阶共用一色，而是分为深浅两色，从而变为各阶用各色的状态，"上元元年八月又制：一品以下带手巾、算袋，仍佩刀子、砺石，武官欲带者听之。文武三品以上服紫，金玉带。四品服深绯，五品服浅绯，并金带。六品服深绿，七品服浅绿，并银带。八品服深青，九品服浅青，并鍮石带。庶人并铜铁带。"[2]即四品深绯、五品浅绯，六品深绿、七品浅绿，八品深青、九品浅青。色彩等级差异更加明晰，由此也可以看出官吏的品阶地位更加明确，依照原有的色彩配置，四品、五品之间并没有区别，至少从品官服色上是无法区分的，也就是说四品、五品其实被看作一个等级，六品、七品之间，八品、九品之间也是如此。因此，此前的品官等级虽列九等，但其实被划作四个大的等级：即一品至三品紫，四品至五品绯，六品至七品绿，八品至九品青。新的品官服色制度改变了这种状态，品级间细微的差异被强化，虽依然可以将其看作

[1] 刘昫，等. 旧唐书：卷四十五［M］. 北京：中华书局，1975：1952.

[2] 同[1].

四个大的部分，但由于色彩深浅的变化，等级间的独立性被突出。通过这样的改变色彩的整体权力被弱化，从另一个层面讲，其色彩背后所涵盖的权力也被分化了。在新的品官服色制度规定下，一、二、三品依然共同使用紫色，形成了一个紫色的最高权力集团和最高等级。而之后的六个品阶从各自色彩团块中分化出“四品深绯、五品浅绯”“六品深绿、七品浅绿”“八品深青、九品浅青”，一分为二地细化削弱了原本的集团。

推动上元元年的这次服色改革的关键并不是间色与正色的关系，而是当时四服色“紫、朱、绿、青”的混乱使用：“（咸亨五年四月）敕，采章服饰，本朝贵贱，升降有殊，用崇劝奖。如闻在外官人百姓，有不依式令，遂于袍衫之内，着朱紫青绿等色短衫袄子，或于闾野，公然露服，贵贱莫辨，有蠹彝伦。自今已后，衣服上下，各依品秩。上得通下，下不得僭上。仍令有司，严切禁断，勿使更然。”[1]从此诏令看，对于服色的僭越使用已经到了非常严重的程度。“公然露服”“贵贱莫辨”对于一个仰赖“阶层”标识的社会来说是非常可怕的，然而诏令中对这一问题进行的警告与严加禁断，恐怕收效甚微。只好通过上元元年的服色改革针对上下尊卑贵贱异等，通过服色的细化、等级的对应而进一步予以强调。

上元元年品官服色体系维系了十年，在唐睿宗文明元年又进行了修订，这一次的变更将青色又改回了龙朔二年时的碧色：“文明元年七月甲寅诏：旗帜皆从金色，饰之以紫，画以杂文。八品已下旧服者，并改以碧。京文官五品已上，六品已下，七品清官，每日入朝，常服袴褶。诸州县长官在公衙，亦准此。”[2]此时并未提及是否将原来八、九品官员的服色由深青、浅青改为深碧和浅碧，而只是着重强调将用青改回用碧，从而进一步强调作为底层品官服色的等级差异与其代表的最下层官员身份的存在。

从唐睿宗修订后的近一百五十年间唐朝品官服色都比较稳定，至晚唐唐文宗大（太）和六年，再次被重新改变。“（大和）六年六月敕，详度诸司制度条件等，礼部式，亲王及三品已上，若二王后，服色用紫，饰以玉。五品已上，服色用朱，饰以金。七品已上，服色用绿，饰以银。九品以上，服色用青”[3]。唐文宗做出的新制度其实是将品官服色改回唐太宗贞观四年所制定的品官服色，即紫、朱（绯）、绿、青四个等级色彩。唐文宗是一个心怀重兴盛唐气象的天子，面对晚唐的混乱与积弊丛生，将品官服色改回贞观年间的做法则是唐文宗崇效太宗李世民与期待重现贞观之治的愿望在服色制度上的一种表现。但实际上当时的朋党之争和宦官擅权已经很难进行有效的控制，唐朝的衰落已成为必然，这种恢复贞观时服色的做法，也终究只是一种理想而已。

从贞观四年开始品官服色被确立，历经二百多年的六次改变又回归了最初的制度，这其中的因素非常复杂。但无论哪次改变，都与等级息息相关，这样

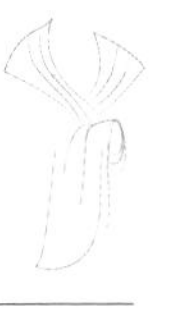

❶ 宋敏求. 唐大诏令集：卷一百八 [M]. 北京：中华书局，2008：562.

❷ 刘昫，等. 旧唐书：卷四十五 [M]. 北京：中华书局，1975：1953.

❸ 王溥. 唐会要：卷三十一 [M]. 北京：中华书局，1955：572.

的关注直接影响着国家各个层面的权力构成及其运行状态。有规则的产生与对规则不断的挑战总是并生的，对于权力的渴望表现在服饰色彩上，便是各种对于品服色彩的僭越事件的发生，而愈演愈烈的僭越现象不断影响着色彩等级制度的有效性，并迫使品官服色制度中服色等级的不断修正，僭越成为色彩制度改变的重要根源。

其实，从出现禁用色彩开始民间对于更高等级，即自己无法使用的色彩，甚至材料、服饰、样式的欲望和追逐都不曾间断过，而一直到唐代初年这样的僭越现象并没有被太过强调和禁断，可能是当时的律法较为严苛，或者是民间物质实力的限制，僭越的状况实际上还不是太普遍。然而到盛唐年间，僭越违规已经成为一种普遍的社会现象，从而引起国家权力层面的注意，并试图通过各种诏令的颁发对此进行干预。《旧唐书》《武德令》记有宴会活动中各等级女眷服色被允许依照丈夫的品官等级色彩，“上得兼下，下不得僭上”[1]。而《武德令》文中也表述了“既不在公庭，而风俗奢靡，不依格令，绮罗锦绣，随所好尚。上自宫掖，下至匹庶，递相仿效，贵贱无别。”[2]足可见违规现象在当时是极具普遍性的。

在唐代，不依令式而各随所尚成为社会生活自上而下的普遍现象，较之唐代的物质生活得到了大幅度提高，织造业尤为突出，追逐奢靡变为一种风尚，僭越频发严重影响了社会等级制度的构建。在现代社会中，贵贱平等无差别是非常正常的现象，然而在古代社会，阶层等级的存续是维系社会发展的手段之一，等级阶层的利益变得动荡，阶层识别变得模糊，这对于既定利益的权力等级阶层来说是非常堪忧的大问题。“上得兼下，下不得僭上”这是等级存在的基础，也是必须被反复强调和坚持的重要原则。

然而，民间对于等级色彩追逐的欲望几乎演变成一场无休止的猫鼠游戏，将禁断色彩藏于袍衫之内，又或于闾野之间公然露服，无数越矩方法凭借着欲望升腾，关于色彩的“僭”和“禁”此消彼长。为了表明态度，在唐高宗咸亨五年（即上元元年）颁发的《官人百姓衣服不得逾令式诏》中，再次强调了僭越问题的严重性，并表明了作为统治者的基本态度。不仅如此，唐高宗甚至举出了武则天“务遵节俭”的例子，更对公然违规服用越礼色彩以及厚葬之事提出了禁断的要求：“（上元二年）上诏雍州长史李义玄曰：‘朕思还淳返朴，示天下以质素。如闻游手堕业，此类极多，时稍不丰，便致饥馑。其异色绫锦，并花间裙衣等，靡费既广，俱害女工。天后，我之匹敌，常著七破间裙，岂不知更有靡丽服饰？务遵节俭也。其紫服赤衣，闾阎公然服用。兼商贾富人，厚葬越礼。卿可严加捉搦，勿使更然。’”[3]诏书中的各种异色绫锦、花间裙衣，在我们如今能看到的唐代绘画、彩俑中所见不少，可见当时甚为流行。

服色僭越的问题，最初是来源于权力上层，后自上而下变得非常普遍。开

---

[1] 刘昫，等. 旧唐书：卷四十五 [M]. 北京：中华书局，1975：1957.

[2] 同[1].

[3] 刘昫，等. 旧唐书：卷五 [M]. 北京：中华书局，1975：107.

元九年记有赐绯紫事："至开元九年，张嘉贞为中书令，奏诸致仕许终身佩鱼，以为荣宠。以理去任，亦听佩鱼袋。自后恩制赐赏绯紫，例兼鱼袋，谓之章服，因之佩鱼袋、服朱紫者众矣。"❶这本来是帝王的一种恩宠，在特定状况下的权衡，但是却引发了朱紫泛滥的情况，如假绯紫、借绯紫的问题。假绯紫，这一问题的出现最早是在军中，因为武官的服色传统上本就多为绯紫色，与文官的品官服色不同，着紫色很常见与等级身份之间的关系也并不严格，而其地位自然也没有文官阶层的紫色那样有分量，所以文官对于这样的紫着比较不屑。"贞元末，有郎官四人，自行军司马赐紫而登郎署，省中谑为'四军紫'。"❷军中的司马着御赐紫服进入文官权力集团，竟然遭到嘲笑，足可见武官紫色在文官阶层心目中的地位实在不高，虽然如此，紫色所代表的权力还是诱人的，《新唐书》中有"唐初，赏朱紫者服于军中，其后军将亦赏以假绯紫，有从戎缺骻之服，不在军者服长袍，或无官而冒衣绿。有诏殿中侍御史纠察"❸。假紫本事出有因，是为权宜之计，但假以绯紫或冒以衣绿都是以下用上的一种表现，紫色已上身再脱下来就分外困难，使用的权限与实践又很难把控，所以僭越用色的事情也越发的难以解决。唐玄宗年间，夸饰之风盛行，故而玄宗不得不下诏强调问题的严重性，并对相关职能部门做出严重警告。然而即便如此，色彩僭越的问题也未能令行禁止，到唐德宗时依然如此："或有朝客讥宋济曰：'近日白袍子何太纷纷？'济曰：'盖由绯袍子、紫袍子纷纷化使然也。'"❹

色彩的僭越仅是民风夸饰的一种表现，其实在唐代生活中的浮夸表现在了各个方面，车、宅、丧葬务求奢华。唐玄宗初年对待这样的奢靡之风是非常警惕的"开元初，姚、宋执政，屡以奢靡为谏，玄宗悉命宫中出奇服，焚之于殿廷，不许士庶服锦绣珠翠之服。自是采捕渐息，风教日淳"❺。在开元二年甚至颁发了《禁奢侈服用敕》，以此来禁断各类夸饰之物，只保留与品级相称的相关饰物；私制耗费女红的织锦则将工匠一并处罚；停办官办织锦坊；甚至将敕令下达之前超规的各种锦绣服饰一律染成"皂色"，"其已有锦绣衣服，听染为皂"❻，仅在开元二年这一年，唐玄宗就颁发了《焚珠玉锦绣敕》《禁奢侈服用敕》《禁断锦绣珠玉敕》等相关禁用的诏书。同年颁布的《诫厚葬敕》则让多作为随葬品使用的唐三彩"在两京地区骤然衰落"❼由此我们不难看出，在唐玄宗初年澄澈风俗的决心，而开元初年确实也在唐玄宗的励精图治下，风气大为改观。

然而在经历了开元、天宝盛世之后，唐代进入了盛极而衰的时段，至唐代

---

❶ 刘昫，等. 旧唐书：卷四十五［M］. 北京：中华书局，1975：1954.

❷ 李肇. 唐国史补：卷下［M］. 上海：上海古籍出版社，2000：191.

❸ 欧阳修，宋祁，等. 新唐书：卷二十四［M］. 北京：中华书局，1975：530.

❹ 李肇. 唐国史补：卷下［M］. 上海：上海古籍出版社，2000：194.

❺ 刘昫，等. 旧唐书：卷三十七［M］. 北京：中华书局，1975：1377.

❻ 宋敏求. 唐大诏令集：卷一百八［M］. 北京：中华书局，2008：563.

❼ 尚刚. 隋唐五代工艺美术史［M］. 北京：人民美术出版社，2005：148-149.

宗年间，奢侈僭越之风又起。唐代宗大历四年，为察民风曾专门让人去购买民间普遍使用的布帛诸物，面对“逾侈相高”的状况，朝廷再下诏书对“锦绣之奢，异彩奇文”[1]严加禁断。然而这样的状况至晚唐变得更加严重，自上而下的奢靡之风几无可挡。面对这样的状况，唐文宗除了在品官服色上做出修正外，对下层职事官、流外官、庶人、诸部曲及客女、奴婢等也给出了不同服色使用的规定：“（大和）六年六月敕……应服绿及青人。谓经职事官成。及食禄者。其用勋官及爵。直司依出身品。仍听佩刀砺纷帨。流外官及庶人。服色用黄。饰以铜铁。其诸亲朝贺宴会服饰。各依所准品。又请一品二品许服玉。及通犀。三品许服花犀斑犀及玉。又服青碧者。许通服绿……诸部曲客女奴婢，服絁䌷绢布，色通用黄白。饰以铜铁。客女及婢，通服青碧。听同庶人。兼许夹缬。丈夫许通服黄白。如属诸军诸使诸司及属诸道，任依本色目流例。其女人不得服黄紫为裙。及银泥罨画锦绣等。余请依令式。”[2]由此我们可以看到规制非常详尽，但也有着无奈的妥协，下层阶级在正式场合可服用的青、碧色与品官服色中的青、绿色相互矛盾，从品官服色等级运用来看便是对于僭越用色的让步。当然黄色与紫色这样等级较高的颜色还是被禁用的，最高权力毕竟不容觊觎。不仅如此，唐文宗对各级之间使用的服饰和妆饰也做出了严格的规定，但实际上“诏下，人多怨者。京兆尹杜悰条易行者为宽限，而事遂不行”[3]，最终也只能是不了了之。

这种对于僭越的妥协，致使晚唐僭越之风愈演愈烈，从最初对绿色的越矩上升到对绯色与皂色的僭越，唐文宗在开成元年再次下诏，禁断的是绯、皂两色：“开成元年正月敕：坊市百姓，甚多着绯、皂开后袄子，假托军司，自今以后，宜令禁断。”[4]一直以来绯色都是高等级的色彩象征，从初唐开始五品以上服绯便是惯例，初唐沈佺期被谪又复官之后，却未被准许服绯色，只得作诗“身名已蒙齿录，袍笏未复牙绯”[5]来婉转表达愿望，足可见色彩的等级与身份对等，等级色彩是何其被士人看中。然而到了晚唐，绯色竟成为坊间百姓的常服，色彩所对应的身份已经非常模糊了。皂色在隋炀帝时期并不属于高等色彩，然而从史料上看，在晚唐皂色显然已经成为较高等级的色彩，《唐语林》中也有“唐末士人之衣色尚黑，故有紫绿，有墨紫。迨兵起，士庶之衣俱皂，此其谶也”[6]的说法。皂色从唐代宗时起逐渐成为军士的服色，紫绿、墨紫之色均可归为皂色，或者因为其色相近于紫色使它深受官吏百姓的喜爱，于是着皂色等同于着紫，也可以看作是僭越心理的一种表现。

色彩的僭越和等级标识密切关联，有了等级也就有了僭越。无论是在任何

[1] 宋敏求. 唐大诏令集：卷一百九 [M]. 北京：中华书局，2008：566.

[2] 王溥. 唐会要：卷三十一 [M]. 北京：中华书局，1955：575.

[3] 欧阳修，宋祁，等. 新唐书：卷二十四 [M]. 北京：中华书局，1975：531-532.

[4] 王溥. 唐会要：卷七十二 [M]. 北京：中华书局，1955：1301.

[5] 孟棨. 本事诗 [M]. 上海：上海古籍出版社，1991：25.

[6] 王谠. 唐语林：卷七 [M]. 北京：中华书局，1985：207.

人类社会，等级的存在如影随形，并且大部分时候都是被强调的对象。可以说人类社会就是等级的社会，在古代中国，等级更是被特别地显示在国家、权力、政治、伦理观念之中。而品官服色以及诸多用色限制正是中国古代等级制度的表象之一，对于色彩规制的僭越强烈地揭示了这一等级文化体内在的基本结构。而在唐朝作为中国历史进程中的辉煌阶段，其色彩的等级制度以及禁、僭的拉锯，都是中国古典文化巅峰的重要表象。

第四节　唐代服饰色彩中的日常之色

一、“焕烂求备”的生活色彩

唐代推崇好尚求奇、焕烂求备的造物思想，这样的思想表现在唐代生活的方方面面，如服色、染织、造像、绘画等，这也对色彩的文化意蕴产生了巨大的影响。

唐代的生活色彩包含着充沛的想象，富于诗意。它是精神感受的产物，而其根源则是真实的生活世界。唐代的物质生活、精神生活较之前代有了巨大的进步，这样丰富的生活强烈刺激着人们对于色彩的追求，一种诗意的细腻强化了对于“丰富”构成的判断，致使唐朝的生活色彩变得无比炫目。

万国衣冠拜冕旒，是唐代社会风貌的写照，新的外来的因素不断冲击着中国传统的审美，在色彩观念方面，外来的因素被吸纳，与中国绘画中的青绿山水和造型深受佛教文化思想影响的情况相似，在唐代服饰衣物上的间色、晕色等的运用也与外来文化有着千丝万缕的联系。从某种程度上讲，外域色彩的输入不仅改变了原本中华色彩的构成也强烈影响和左右了整个华夏服饰色彩及样式的流行。

二、色彩万象——文献中的唐代世界

唐朝丰富的物质生活足以让人目眩神迷，这种焕烂求备的生活世界滋生出对于繁复、艳丽、华贵配色的偏好，从一些史料文献中我们可窥见那绚烂奢华的审美以及感受到那种灿如夏花的色彩偏好。

天宝九年，唐玄宗因安禄山献俘的功绩而对其进行封赏，赐宅邸与充宅之物，在古文献《安禄山事迹》中记述了当时封赏的物资，其中品类数量就达二十多种，而各类物资中又各有数量繁多的物品，共计二百余件，期间屏帐、屏风、床、椅、床上用品及其他室内陈设一应俱全，如水葱夹贴席、红锦缘白平细背、红异文绣方绣褥、紫细床帐兼黄金瑶光、水葱夹贴绿锦缘白平细背席、绣绫缬夹带、碧绫峻旗、红瑞锦褥、青罗金鸾绯花鸟子女立马鸡袍袴等，色彩华丽非凡。这些器具包括金银器、织物、木器等，更有许多未见记载的小物。色彩种类繁多，金、银、青、碧、水葱绿、绯、红、紫、柏黄还包括各种杂色等，所有充宅之物色彩纷呈，丰富奢华的样貌可想而知。在这样的宅邸空

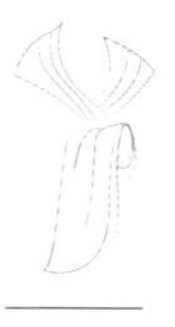

间中，丰富绚丽的色彩盈于一室彰显着唐代的盛景，而对这种生活状态的追求，也是唐代生活世界的写照。

如果说唐玄宗时期的赏赐还属于充宅的生活之物的话，那到唐懿宗咸通九年，同昌公主出嫁时充宅之物则更是奢靡异常。晚唐时期唐朝国力已大不如前，但是其赏赐之物却更加丰富，从展现出来的生活色彩可见晚唐的生活态度较之盛唐时期更加奢靡，《太平广记》引《杜阳杂编》中记载了与同昌公主生活有关的赏赐器物共计有二十多类，从房栊户牖，金银食柜水槽，缕金笊篱箕筐之类的生活器具，到各类装饰物、首饰、纺织品等方方面面不一而足。期间各类奇巧之物更是不胜枚举，寒鸟骨制成的紫色或带有斑纹的却寒帘；珍珠串联成的连珠帐；由七宝合成鹧鸪之斑的鹧鸪枕；三千鸳鸯，间以奇花异叶，缀有粟粒大小之灵粟之珠、五色辉焕的神丝绣被；刻有九鸾、九色的九玉钗；似布而细，明薄可鉴的澄水帛；施五彩，烟出成楼阁台殿之状的香蜡烛；四角缀五色锦香囊，镂水晶玛瑙辟尘犀为龙凤花木状，其上配有珍珠玳瑁璎珞，更以全丝为流苏，雕轻玉为浮动的七宝步辇等，所有物品奇巧奢华，堪夺天工。这些华丽的物品不仅工艺用料珍贵，其色彩亦是灿烂非常，我们可以想象那样华美的场景，神丝绣被、五色玉器、瑟瑟幙、九玉钗所涉物品都是五光十色，就连香蜡烛都是五彩的。这样被色彩包裹充盈的生活世界让我们几乎找不到合适的语言来形容，那是怎样的一种以绚丽色彩装饰的事物建构成的恍若仙境的皇家气象呢？当然这些珍奇物品都来自皇家，代表了权力顶端的生活属性和气象，大量社会中、下阶层的生活与此会有很大的差异。但无论哪个阶层的生活，其审美或者说是对于色彩的欣赏态度上应该是非常接近的。

在陕西扶风法门寺出土的“物帐碑”中，我们看到更多的关于唐代社会生活的面貌，作为唐代的著名皇家寺院，法门寺的用品大多与佛教有关，在“物帐碑”中也记录了许多生活用物，这些用品大多是皇家供奉佛祖之物，其中记载的物品主要分为三批：

第一批：“袈裟、武后绣裙、蹙金银线披袄子；水晶椁子，铁盝。”[1]

第二批：“银金花盒，锡杖、香炉、圆无盖香炉、香宝子、金钵盂，金襕袈裟、毳纳佛衣，瓷秘色碗、瓷秘色盘子、瓷秘色碟子，新丝、百索线、红绣案裙、绣帕、镜、袜、紫靸鞋，绣幞，宝函及红锦袋盛八重宝函、银锁子、金涂锁子，银金涂钑花菩萨，银金花内叠子、银金花叠子、银金花波罗子、银金花香案子、银金花香匙、银金花香炉、银金花钵盂子、银金花碗子、银金花羹碗子、银金花匙箸、银金花火箸、银金花香盒、银金花香宝子，真金钵盂，乳头香山、檀香山、丁香山、沉香山。”[1]

第三批：“银金花盆，香囊，笼子，龟，盐台，结条笼子，茶槽子、茶碾子、茶罗、匙子，随求，水晶枕，七孔针、骰子、调达子、棱函子、琉璃钵子、琉璃茶碗托子、琉璃碟子，银棱檀香木函子，花罗衫、花罗内襕、花罗

---

[1] 陕西省考古研究所，等. 中国考古文物之美：佛门秘宝大唐遗珍（陕西扶风法门寺地宫）[M]. 北京：文物出版社，1994：95-97.

绔、花罗袍，长袖、夹可幅长袖，锦长夹暖子、绮长夹暖子、金锦长夹暖子、金褐长夹暖子、银褐长夹暖子、龙纹绮长夹暖子、辟邪绮长夹暖子、织成绫长夹暖子、白氎长夹暖子、红络撮长夹暖子，下盖、接袎、可幅绫披袍、纹縠披衫、缭绫浴袍，缭绫影皂、可幅臂钩、可幅勒腕帛子、方帛子、缭绫食帛、织成绮线绫长袎袜、蹙金鞋、被褡、床绵、床夹、锦席褥、九尺簟、八尺席，八尺踏床锦席褥、赭黄熟线绫床皂、赭黄罗绮枕、绯罗香倚，花罗夹幞头、绘罗单幞头、花罗夹帽子，巾子、折皂手巾、白异纹绫手巾、揩齿布、红异纹绫夹皂，白藤箱、玉椁子、靴、毡。”[1]

在这三批物品中，第一批应为供奉物；第二批为礼佛用具，色彩主要由金、银、红、紫及秘色构成；最为丰富的则是第三批生活用物，在这些物品中纺织品占据了主要地位，其丰富的色彩令人瞩目，不同的织造方法，华丽纷呈的色彩，带有独特花型的纹样构建出令人目眩神迷的唐代生活色彩画卷，花罗、金锦、龙纹绮、辟邪绮、红络撮、缭绫、蹙金、赭黄熟线绫、赭黄罗绮、绯罗、白异纹绫、红异纹绫等，抛却凡尘的佛家生活用物竟然也色彩纷呈，丰富多彩到如此地步，令我们不得不感叹唐代繁盛的物质生活气象。

唐代的经济发展可谓空前，丝绸之路的发展使得商品贸易、货物流通极其发达，各地各国的商品汇聚长安，呈现出丰富多彩的生活景况。从安禄山到同昌公主、法门寺的赐物，唐代的色彩运用与审美观念着落在织物与器具上，涵盖了唐代人的生活日常，这些遗存的史料向我们展示出的正是这样色彩万象的唐朝。

三、锦绣华服的色彩表现

唐代服饰的色彩构筑出流动的生活世界，之前已经介绍了关于皇权、冕服、品官服色等以阶层等级为主的唐代服饰色彩世界，而属于唐代民间生活服饰的色彩流行、色彩审美偏好则会为我们展现出更加鲜活而真实的色彩画面。

在前文中我们探讨过许多关于僭越的话题，在民间僭越依然是色彩使用的趋势。在唐代不仅是色彩等级的违例使用，过度奢靡的使用也是被禁止的。唐玄宗时期曾就此问题发布过诏令，而这样的诏令的颁布则源于一起时尚流行事件。唐中宗的女儿安乐公主，是一位掌握着巨大权力且性喜奢华的女性，而这位权力代表者也常常成为流行的引领者，《旧唐书·五行志》记载：“中宗女安乐公主，有尚方织成毛裙，合百鸟毛，正看为一色，旁看为一色，日中为一色，影中为一色，百鸟之状，并见裙中。凡造两腰，一献韦氏，计价百万。又令尚方取百兽毛为鞯面，视之各见本兽形。韦后又集鸟毛为鞯面。安乐初出降武延秀，蜀川献单丝碧罗笼裙，缕金为花鸟，细如丝发，鸟子大如黍米，眼鼻

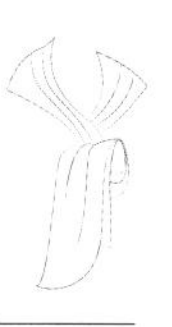

[1] 陕西省考古研究所，等. 中国考古文物之美：佛门秘宝大唐遗珍（陕西扶风法门寺地宫）[M]. 北京：文物出版社，1994：95-97.

嘴甲俱成，明目者方见之。自安乐公主作毛裙，百官之家多效之。江岭奇禽异兽毛羽，采之殆尽。”[1]公主的偏爱差点令天下珍禽异兽，皆成无毛之状，这种无度耗费的奢靡做法却受到了当时“百官之家”的追捧，并成为一种流行时尚。由此可见，盛唐时期世人对于华丽、繁复、注重细节之物的喜好，而这样的喜好不仅发生在上层社会，实际上唐代全民看待事物的审美态度皆同于此。唐代的奢靡是自上而下的，即使是禁令的发布者唐玄宗在晚年也不能免俗，他曾为杨贵妃设立“贵妃院”，此机构配有近千人用于专门制造贵妃所用生活器物。《旧唐书·后妃传》中记载：“玄宗每年十月幸华清宫，国忠姊妹五家扈从。每家为一队，著一色衣。五家合队，照映如百花之焕发，而遗钿坠舄，瑟瑟珠翠，灿烂芳馥于路。”[2]荣宠无限的杨氏一族借由色彩表明身份，这样的群体色彩在唐代是非常常见的，家族色彩的圈定往往成为权力、地位、财富的象征。其中服色是最为明确显著的表现方法，这样的做法有些类似于品官服色的身份象征作用，也是标识身份的手段。

张萱的《虢国夫人游春图》描绘了杨氏出游时的盛况，图中女子或着红衫绿裙，或着绿衫红裙，可见以间色红、绿为主的配色是当时的一种色彩搭配趋势。在陕西西安唐代墓葬出土的壁画与女俑身上的服色也可以看出当年的这种时尚（图1-42、图4-1）。除了这种红绿对比的搭配，唐代女子服饰中类似的色彩鲜明的对比搭配也很常见，此时妇女服饰大多上下异色，除了色相的不同外，也有明度上的对比关系，而搭配的形式也很多样，各具特色。这大约也与唐代喜好色彩纷呈的视觉感受有关，唐代民风开放，对女子的限制较少，在盛唐时期女子的社会地位也比较高，爱美本就是女性的天性，在服饰色彩选择运用上求新求异，不与他人雷同的个性表现在当时是一种普遍的意识存在。女子服色，与政治、伦理关系浅淡，唯美和爱好才是重点，所以女子的服饰色彩运用显得更加灵活。在张萱的《捣练图》中我们可以看到捣练女子的服色各不相

图4-1　唐代陵墓出土女俑（作者摄）

[1] 刘昫，等. 旧唐书：卷三十七［M］. 北京：中华书局，1975：1377.

[2] 刘昫，等. 旧唐书：卷五十一［M］. 北京：中华书局，1975：2179.

同，作为下层阶级的侍女服饰亦是如上述一般，虽未见有丰富的色彩但搭配起来各具特点。

而在唐墓壁画中我们可以见到更多的唐代宫廷女子的服饰，与普通生活中的女性不同，在这些壁画中的侍女服饰多为同色系的搭配，但侍女衣下露出的裤子的颜色与主色之间的关系却具有一定的对比性（图2-35）。或许是和色彩规制有关，主仆的色彩搭配在使用上区别是非常明显的，可见在宫廷中或者在上层阶层中，色彩使用的多寡也是等级身份的象征。在一些已出土的唐代织物中我们还可以看到褪色和晕色工艺的表现，而这种色彩处理手法的表现，则体现出唐代对服饰色彩变化的追求。唐高宗时曾下令对裥色有所限制，《新唐书·车服志》记载："妇人服从夫、子，五等以上亲及五品以上母、妻，服紫衣，腰襻褾缘用锦绣。九品以上母、妻，服硃衣。流外及庶人不服绫、罗、縠、五色线靴、履。凡裥色衣不过十二破，浑色衣不过六破。"[1]当时裥色衣在民间已属于普遍流行的服饰，禁令的重点不在于裥色而是在"破"的数量上，高宗曾说武则天所服不过"七破"，希望通过武氏这样的带头作用，来影响并节制妇人对靡丽服饰的无度追逐。这样的禁令显示出高宗时期唐代妇女的服饰相当华美，以及追求异色变化的强烈欲望，彰显着人们对于色彩背后权力的窥视。

唐代对于织物的染色极为重视，国家设有专门的机构管理和生产，在前面所述的织染署中亦按六色细分，文献记载："明年转大盈库，领染坊，依前知省事。恩泽浃于寰瀛，宠赐周于藩服。绮罗万段，锦绣千筐。每极珍华，曾无滥恶。又元黄朱紫，染彩文章，靡不精鲜，悉中程度。"[2]在民间生活中，染色技术也因地制宜，《唐国史补》卷下载"凡造物由水土，故江东宜纱绫、宜纸者，镜水之故也。蜀人织锦初成，必濯于江水，然后文彩焕发"[3]，其中所述蜀锦"文彩焕发"就是对染色效果的描述，而蜀地所染之色，更以"真红"闻名。南宋高似孙《纬略》中记有"陆放翁尝问余曰：比在成都市时，见彩帛铺，榜曰：'翠色真红'，殊不晓所谓，红而曰翠，何也？，余曰：嵇康《琴赋》曰：'新衣翠粲，缨徽流芳'，班婕妤《自悼赋》曰：'纷翠粲兮纨素声'，翠粲，取其鲜明也。东坡《牡丹》诗：'一朵妖红翠欲流'，盖取乡语。放翁击节大喜"[4]。翠色真红，可想那红色何等璀璨夺目。

影响唐代服饰色彩的织物染色包括有绞缬、夹缬、间色和晕色等做法。隋炀帝时期染缬的做法就已经比较成熟，至唐代更是广为流行，染缬的方法有效地改变了织物原本的色彩视觉效果，使织物具有更加丰富的色彩外观，并为其创造出斑斓的色彩效果，此方法简单且有效，在唐代妇女服饰中应用广泛（图4-2）。其中间色与晕色的做法体现了通过色彩的重复和渐变寻求视觉上的变化，让织物色彩更加丰富多彩。色彩使用的多寡不仅与审美偏好有关，也存

[1] 欧阳修，宋祁，等. 新唐书：卷二十四 [M]. 北京：中华书局，1975：530.

[2] 董诰，等. 全唐文：卷七百九十 [M]. 北京：中华书局，1983：3666-3667.

[3] 李肇. 唐国史补：卷下 [M]. 上海：上海古籍出版社，2000：201.

[4] 高似孙. 纬略：卷十 [M]. 杭州：浙江大学出版社，2012：211.

在着对于使用者身份的标识，间色和晕色手法的盛行正是基于这样诉求的一种反映。晕色则是鉴于间色基础上的另一种变化形式，是在“间”的基础上增加了渐变的效果，这样的做法简单而有效，以最为直接的方法赋予材料丰富的色彩视觉效果，也从另一个层面说明了唐代染织技术的发达，“设计”的概念已加入到社会生产中。值得一提的还有一种结合刺绣与晕染手法的纭间绣（又称为退晕绣），这种面料处理方法将绚丽丰富的色彩、精细的金银线穿插以及强烈的对比效果与花卉纹样花叶重叠的造型相融合，表现出不同色彩色阶的明暗

图4-2　唐代女俑（西安博物院藏，作者摄）

图4-3　退晕绣

图片来源：张晓霞，《中国古代染织纹样史》，北京大学出版社，2016年，第199页。

浓淡变化，层层退晕的立体色彩效果更是华丽非常（图4-3）。

除了染色及与之相关的特殊工艺外，在唐代，新的织造方式也影响着服饰色彩的变化，如白蕉、方空、轻容都是轻薄的织物，夏季使用居多，这几种织物或本身就具有特定的色彩，或因其薄透的特性，辅以染色就幻化出别样朦胧缥缈的色彩感受，王建在《宫词》中的“缣罗不著索轻容，对面教人染退红”描述的就是着色的轻容，这种似是而非、如梦似幻的色彩，为唐代服饰增添了别样的诗性韵味。还有如缭绫、蜀锦、红线毯等则是因为其本身绚烂艳丽的色彩，受到唐代贵族阶层的喜爱。

唐代是一个对新的样式、精美的技术、灿烂的色彩主动追求的时代，这促发了制作工艺人才的成长，许多闻名于世的能工巧匠被世人热烈推崇。如第三章中提到的窦师纶就是此等人物的代表。他们不仅将外域的精湛工艺引入大唐，同时亦在工艺中加入巧思，将中原文化与外域风格相融合，创造出许多风格独特的图案纹样，对织物图案及色彩搭配的创新贡献巨大。唐代的织锦色彩浓艳明丽，对比色、补色的搭配运用娴熟，金银色也常常贯穿在色彩搭配中，配合织造纹样表现出奢华炫目的装饰效果，“浓艳辉煌”正是这种色彩特征的

写照。例如，新疆吐鲁番阿斯塔纳北区381号墓出土的变体宝相花纹云头锦鞋（参见图1-9）。云头锦鞋鞋面的变体宝相花斜纹经锦是经斜纹提花织物，工艺十分复杂。这种变体宝相花纹斜纹经锦是四种经丝与棕色纬线相互交织，“宝蓝、墨绿、橘黄、深棕四色在白地上织簇八中心放射状图案花纹的斜纹经锦。在中心部分，为六个花瓣组成的圆形花朵，中心朵花则是簇八放射对称的如意钩藤，在对称如意的地方缀以花蕊和花叶”。[1]云头锦鞋的鞋里所用晕间花鸟纹锦是用两组彩条的经丝与两组本色纬丝提花的“经二重织物”。在晕间花鸟纹锦的表层经丝“虽只用了两重经丝。但两重经丝均为复杂彩条，彩条的排列宽狭有度，色彩对称富于变化。两组彩条恰当地与花纹配合。以表经的色彩排比为例，即有三十七个彩条变化，才开始它的重复”。[1]而在表层经色条上，“再以不同色彩的散点花鸟纹相配，宛若彩虹万道，彩云千朵，五光十色，绚丽缤纷”。[1]其华丽绚烂的程度可想而知。除此之外，大量当时出土的唐代纺织品均由多种色彩组成，与云头锦鞋同时出土的一块唐代花鸟斜纹纬锦则运用了八色丝线织成，大红、墨紫、粉红、墨绿、宝蓝、葱绿、黄、白等色交错重叠，花型精美，色彩艳丽（参见图3-19）。唐代崔令钦的《教坊记》中有对当时舞女服饰的描述：“圣寿乐舞，衣襟皆各绣一大窠，皆随其衣本色制就缦衫。下才及带，若短汗衫者以笼之，所以藏绣窠也。舞人初出乐次，皆是缦衣。舞至第二叠，相聚场中，即于众中从领上抽去笼衫，各纳怀中。观者忽见众女咸文绣炳焕，莫不惊异。”[2]如此惊艳的服饰色彩变化，为我们勾画出一个花团锦簇的视觉世界，而这正是唐代焕烂求备的审美观的写照。

唐代的强盛是空前的，在这个强大的时代人们追求生活物质的富足与精美是一种必然趋势，这种求新的欲望促发了唐代生活各个方面工艺技术的发展，不仅是纺织业，在金银器的制作中也体现出精益求精的工艺以及对绚烂色彩的追求。仅染色技术一项，织染署中就细分为青、绛、黄、白、皂、紫六种。而金银器的制造，从我们之前提到的安禄山、同昌公主的赐物就可以想象到其华美富丽的程度。不仅在工艺表现上，唐代的金银器对色彩的追求也达到了极致。令狐楚在《进金花银樱桃笼等状》中所载的金花银笼表现了唐代器物对色彩使用的追求，金花银笼中装着鲜红的樱桃，金银色与红色对比，光彩夺目富贵逼人，足可见唐朝权力阶层对生活色彩的追求已精深至细枝末节。

第五节　唐代服饰色彩中的异域之色

唐代对待文化交流的开放包容的心态，使得当时的人们对待外来事物的态度极为友好，加之唐代求新求异的审美观也导致了新奇事物的流行。

在元稹写给白居易的信中有这样的描述：“自谓近世妇人，晕淡眉目，绾

[1] 华梅. 古代服饰 [M]. 北京：文物出版社，2004：119-120.

[2] 崔令钦. 教坊记 [M]. 北京：中华书局，1962：30.

约头鬟，衣服修广之度，匀配色泽，尤剧怪艳，因为体诗百余首。”[1]值得我们关注的是这里谈到了妇女装饰的配色，从唐代对器具用物的色彩、材质、纹样、形态的丰富性与多样性的追求来看，“匀配色泽”显然是盛唐时期典型的审美创造。不仅如此，唐代女性的妆容也显示出独特的色彩审美观，白居易的《时世妆》诗云：“时世妆，时世妆，出自城中传四方。时世流行无远近，腮不施朱面无粉。乌膏注唇唇似泥，双眉画作八字低。妍媸黑白失本态，妆成尽似含悲啼。圆鬟无鬓堆髻样，斜红不晕赭面状。昔闻被发伊川中，辛有见之知有戎。元和妆梳君记取，髻堆面赭非华风。”即使这种放在现代也是极其另类的色彩使用，在唐代却是一种普遍的流行。妍媸黑白的色彩带着病态的审美显得如此奇特，而“非华风”则说明这样的风范大约是源自外域，这种异域色样成为流行的妆饰大抵也是唐代求新逐异的色彩爱好的结果。

在唐代，来自异域的服饰成为一种普遍的流行，女着男装、胡服、胡帽等都是流行的穿着形式，这样的穿着无论是贫民还是权贵都很常见，《新唐书》中记有：“高宗尝内宴，太平公主紫衫、玉带、皂罗折上巾，具纷砺七事，歌舞于帝前。帝与武后笑曰：‘女子不可为武官，何为此装束？’近服妖也。”[2]正是对女着男装的描述，到武周时期，女子穿着男性服装，参政议事已是正常现象。至于胡服，在唐代的流行更是普遍，这种异域的服饰不仅样式有别于中国传统服饰，其用料、色彩及配色习惯也与传统服饰有很大区别，伴随着胡服的流行唐代服饰色彩的运用习惯也产生了相应的变化，在唐朝“西域风”的流行不仅是对异域风格的喜好与接纳，同时也影响着唐代的审美与造物。

---

❶ 王灼. 碧鸡漫志：卷二 [M]. 北京：中华书局，1991：14.

❷ 欧阳修，宋祁，等. 新唐书：卷三十四 [M]. 北京：中华书局，1975：878.

观鸟捕蝉图

图片来源：周天游，《章怀太子墓壁画》，文物出版社，2002年，第48页。

05

第五章 唐代首饰

第一节　概述

一、唐代首饰研究方法简述

在唐代，无论贫穷还是富有，无论所处社会阶层的高低，无论男女老少，人们都爱佩戴各类不同材质、形制的首饰。通过收集、整理、分析文献资料，考古发掘及传承有序的首饰实物等进行研究，将唐代繁杂的饰物汇集起来，对这段历史时期中的首饰，依据材料、款式、造型、功能、制作工艺、佩戴方式等进行分类。对其形制、装饰纹样从美学、人文社会科学等角度加以赏析和文化阐释，描绘其形态、审美特征，分析唐代饰品的发展脉络并深入探究首饰与服装的关系、首饰佩戴者的身份等文化、社会现象，从而还原出当时人们的现实生活状态，将其承载的文化信息、社会现象等各个方面进行梳理。

在绵延五千年的中华文化中，长达289年的唐朝为我们呈现了封建社会最为鼎盛、繁荣的时期。在这个开放的时代，对外来文化极度包容，兼容并蓄。统治阶层的胡人血统，战败后突厥人的内迁，以粟特人为首的中亚胡人大量定居于两都，佛教的兴盛以及本土化变革等诸多外来因素与汉族文化交流融汇，激荡产生出许多新的文化现象与形式，它们是多种文化形态通过碰撞、吸纳、消化、融合后，形成的一个全新的文化载体。

开放、包容的大时代特征同时影响并投射到人们的衣食住行等日常生活方式上。从初唐至盛唐，外来文化与本土文化的激烈碰撞，在服装与服饰上也得以呈现，盛开了诸多绚丽的花朵，这从遗存下来的实物、图像、文字等诸多方面得以证实，尽管礼服受文化体制惯性发展导致其变化较小，但各个阶层的常服却发生了巨大的改变。就服饰现象而言：女性服饰大胆而开放，女着男装等着装方式都展示了唐代女性的自我觉醒和对传统服饰的反叛；就妆饰流行时尚而言：高髻比前代更为流行，对发髻的装饰也独具特色，由此衍生出唐代头饰上常出现金钿、梳篦、花钗等具有时代特质的首饰；就纹样而言：诸多外来纹饰出现在器物之上，如摩羯纹等。服饰与妆饰方式的改变体现出的是服装与服饰价值观的变革。经历改革开放40年的今日之中国，同样是一个开放的、多元文化并存的时期。外来文化与本土文化激烈碰撞，如何吸收、借鉴外来优秀文化，同时传承底蕴深厚的文化传统，通过学习、研究唐代服饰文化融合的过程，会为我们今天服装与服饰的发展提供新的思路和重要借鉴。

首饰是唐代服饰文化的重要代表，有着与其他朝代共通或相异的文化特征，如器物廓型形制、制作工艺、装饰纹样、佩戴方式等方面的差异性，从而导致唐代与其他时代不同的精神风貌。例如，金银香囊，其廓型、制作工艺、佩戴方式十分典型。金银香囊为通体镂空球体，部分纹饰鎏金，上下半球体以合页铰链相连，金银钩控制香囊的开合，通过两个同心圆环组成的持平环使香盂面始终保持平衡，制作工艺精湛，是这个时代器物结构学、力学、美学最为杰出的代表。

唐代首饰所呈现出来的时代特质也必然有相应的器型、纹样及制作工艺与之相匹配，通过对器型、纹样及制作工艺所承载的文化现象的分析，可以成为今天人们解读唐代社会生活、生产技术水平和文化面貌的第一手资料，成为解读多元文化相互传播、交流、影响、整合的线索。由于金银材质历经千百年依然能够保持其形态的完整性，使得千年后我们分析唐代首饰时，对其器型、纹样、制作工艺可以清晰地分辨，这对今天的研究者则更为直观和真实。当然，研究首饰最迷人之处还在于探讨其与人之间，乃至和时代之间的关系。由物看人，这正是首饰研究的意义所在。

二、唐代首饰历史文化背景简述

从文献、绘画、雕刻以及出土实物的情况看，中国很早就制定了较为严格的服饰制度，最晚从西周开始，通过服装与服饰制度、日常行为规范等建立了礼制，穿衣、佩戴首饰就有了规范、标准和尺度。这些服饰制度客观上把穿衣戴帽与政治制度、日常起居生活紧密联系在一起，服装与服饰成为文化、礼仪习俗、社会阶层等级等的折射与呈现。

不同时代所佩戴的首饰与社会政治经济、文化、民族交流、女性社会地位变化、服饰变化、风俗习惯等因素都有潜在的联系。这诸多因素也促进了首饰在形态、功能、材质、工艺等方面的发展和变化，首饰成为社会文化的载体。如简与奢、多与寡通过首饰将其折射呈现在不同时代的浪潮之中，在“礼制”的制约下，佩戴首饰不仅是一种个人自然属性的行为，更是一种社会属性的呈现。也就是说佩戴首饰除了受到社会地位、经济状况的制约外，还受到风俗习惯、礼仪制度、宗教信仰等社会规范的制约。佩戴首饰是其社会属性的外在表现，具体而言，主要体现在选用的材料、佩戴首饰的多寡、佩戴部位等方面。

例如，在唐代，佩戴花钗的多寡有十分翔实的规定，其等级制度十分森

严，据《新唐书·车服志》记载，“（皇后）钿钗襢衣者，燕见宾客之服也。十一钿……首饰大小花十二树，以象衮冕之旒，又有两博鬓……（皇太子妃）九钿……首饰花九树，有两博鬓……（命妇）翟衣者……两博鬓饰以宝钿。一品翟九等，花钗九树；二品翟八等，花钗八树；三品翟七等，花钗七树……钿钗礼衣者……一品九钿，二品八钿，三品七钿……”[1]依次减等。贵族阶层佩戴的钗钿其制作工艺、纹样都极尽奢华。又据《新唐书·车服志》记载，“其后（唐高宗显庆）以紫为三品之服，金玉带銙十三；绯为四品之服，金带銙十一；浅绯为五品之服，金带銙十；深绿为六品之服，浅绿为七品之服，皆银带銙九；深青为八品之服，浅青为九品之服，皆鍮石带銙八；黄为流外官及庶人之服，铜铁带銙七。”[2]金银玉石首饰只有贵族才能佩带，庶人只能佩带除了金银材料之外的首饰，如琉璃、竹木作钗。

第二节　唐代首饰分类

按照首饰的佩戴部位可分为：冠饰、头饰、耳饰、项饰、臂饰、手饰、腰饰、脚饰等。

一、冠饰

冠饰不同于束发用的头巾、遮阳保暖的帽子，更多是一种身份和地位的象征，正所谓“冠冕堂皇”是也。商周时期冠饰已经初具雏形，冕冠是皇帝、诸侯佩戴的一种礼冠。据《旧唐书·舆服志》中关于礼服冠饰的记载如下：“皇后服：首饰花十二树（小花如大花之数，并两博鬓）……钿钗礼衣，十二钿……皇太子妃服：首饰花九树（小花如大花之数，并两博鬓也）……钿钗礼衣，九钿……内外命妇服：花钗（施两博鬓，宝钿饰也）……第一品花钿九树（宝钿准花数，以下准此也）……第二品花钿八树……第三品花钿七树……第四品花钿六树……第五品花钿五树……钿钗礼衣，通用杂色，制与上同……第一品九钿，第二品八钿，第三品七钿，第四品六钿，第五品五钿……六尚、宝林、御女、采女、女宫等服，礼衣，通用杂色，制与上同，惟无首饰。”[3]

戴冠不限男女，但所戴的冠形制区别较大，女性所戴头冠多为凤冠。如陕西乾县懿德太子墓室石刻戴步摇冠的宫女以及敦煌莫高窟103窟壁画中描绘的唐代戴凤形步摇冠的供养人（图5-1、图5-2）。这也是我们常说的凤冠霞帔的服饰形象。

1988年考古发掘的咸阳贺若氏墓出土头冠（现藏于陕西历史博物馆），出

---

[1] 欧阳修，宋祁，等. 新唐书：卷二十四 [M]. 北京：中华书局，1975：517-523.

[2] 同[1]：529.

[3] 刘昫，等. 旧唐书：卷四十五 [M]. 北京：中华书局，1975：1955-1956.

图5-1　戴凤钗高冠的唐代宫女（陕西乾县懿德太子墓室出土，侯媛笛手绘）

图5-2　戴凤形冠的唐代贵妇（敦煌莫高窟103窟供养人，侯媛笛手绘）

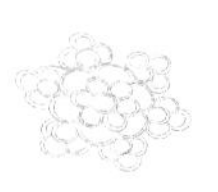

土时在墓主人的头上整齐地排列着一组109件的金头饰，由金头簪、金花、金丝、金花钿和宝石、珍珠及一个金腭托组成（图5-3）。由于贺若氏墓头冠出土时已散乱，无法准确地复原头冠，但我们能从陕西西安玉祥门外隋朝李静训墓出土的一件黄金闹蛾扑花冠以及唐代李倕公主头冠得到参考佐证。黄金闹蛾扑花冠是由一簇簇六瓣花朵的小花组成，每支花朵还缀有一颗珍珠作为花蕊。整个头饰制作十分精致，金丝编制出蛾身、蛾翼、触须和蛾脚，大花蛾的双翼采用粗细不同的金丝编焊而成，高度模拟出蛾翼的薄透与轻盈之感，蛾身上镶嵌数颗珍珠，蛾眼睛亦以珍珠制作，珍珠点缀金蛾周身使其变得生动而鲜活。在闹蛾部分我们能够看到使用了编丝、垒丝、焊丝等花丝工艺，可谓丝丝入扣，从侧面反映出隋唐时期花丝工艺的成熟程度（图5-4）。

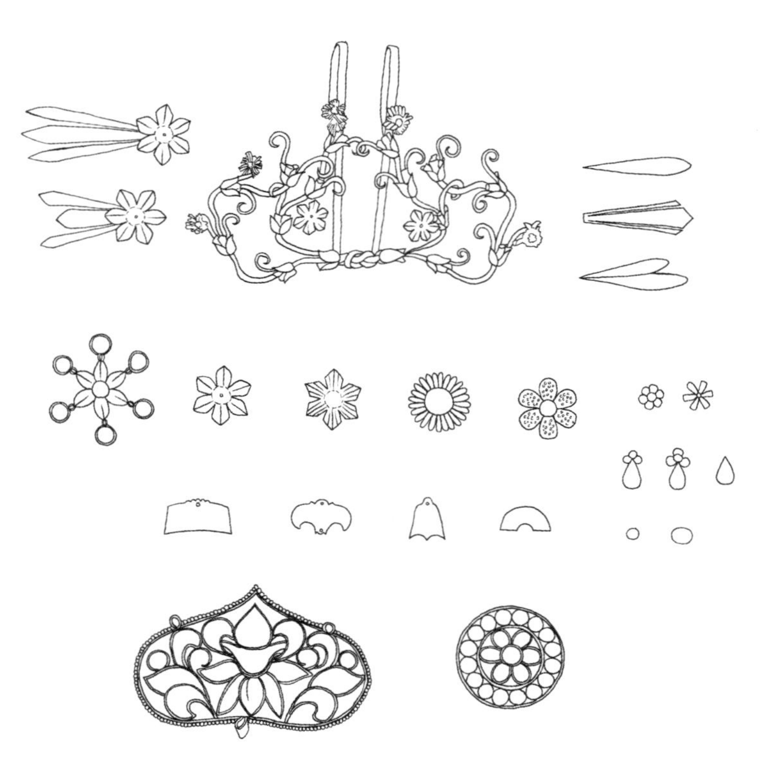

图5-3　贺若氏墓出土头饰（陕西历史博物馆藏，张萌手绘）

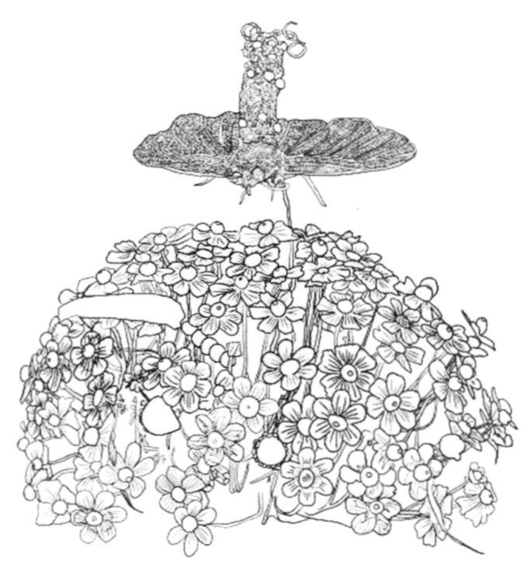

图5-4　黄金闹蛾扑花冠（中国国家博物馆藏，张雨晴手绘）

李倕公主头冠重800余克，由近400个零部件组成，分上下两层，头冠上层为梅花形花卉四方连续纹样，下层中央为凤鸟纹，四周饰以植物纹，以及左右横簪钗垂珠结固定模式。以金银为托，上面镶嵌有红宝石、绿松石、琥珀等名贵石材，部分金托上还使用了点翠工艺，蓝色羽毛依稀可见，极尽奢华（图5-5）。

近年来的考古发掘，对研究唐代的冠饰有着巨大的意义和价值，其级别、规格之高，工艺之精美，都是我们今天学习借鉴的典范。

除了以上出土发掘的贵族头冠之外，在龙门石窟的卢舍那大佛旁侍立着阿难与迦叶，隔着阿难、迦叶的立佛头冠，其纹饰为十分典型的唐草纹。尤为值得关注的是立佛头冠的廓型直到今天，依然是各类选美类大赛活动加冕仪式上头冠的雏形，也就是说这种形制的头冠在佛教题材之中应用，后来越来越世俗化，成为生活化的冠饰（图5-6）。

图5-5　李倕公主头冠（张萌手绘）　　图5-6　龙门石窟菩萨立像（简雪云手绘）

二、头饰

（一）笄、簪、钗

笄是发簪的古称，秦汉之后多将笄称之为簪或发簪。《礼记·内则》有云“女子……十有五年而笄”[1]。也就是说，古代女子年满十五岁时头发上横插簪子行“及笄”礼，以示成年，到了可以出嫁的年龄。簪和钗都是用于固定头发的，它们的区别是：簪多为单股、独根，簪身形如木棍，形态变化多在簪头，男女通用；钗为分叉状、双股，多为女性专用。发钗一般都是成对出现的，一式两件，形制、重量基本相同，但纹饰方向相反，分别插于发髻左右两边，追求的是左右对称的形式美法则，如在广东广州皇帝岗唐代木椁墓出土的发钗。

[1] 礼记[M].沈阳：辽宁教育出版社，1997：86.

唐代韩偓《中庭》诗："中庭自摘青梅子，先向钗头戴一双。"又《荔枝》诗："想得佳人微启齿，翠钗先取一双悬。"永泰公主墓与懿德太子墓石椁线刻画中的女侍之钗，有海榴花形的和凤形的，但每人可插一件或两件。在唐代簪、钗除用于固定头发之外，越来越趋于装饰作用，并成为财富与社会身份地位的象征，实用功能反而弱化。

唐代玉簪除隋代始见的双股簪和最早出现的单股簪仍继续制作使用外，又出现一种新的金玉复合簪。簪头部分为玉制、宽薄片状，簪身为金银质。这类簪因年代久远，故今所见多只剩簪首，而金银等金属簪尾多已脱落无存。

钗的种类繁多，根据其制作材料分为贵族佩戴的：玉钗、金钗、银钗、琉璃钗、玳瑁钗、珊瑚钗、翠钗等，所有名贵材料制作的钗都可以称之为宝钗；百姓佩戴的多为铜钗、竹钗、骨钗、荆钗等。荆钗也泛指一切用竹木陶骨等廉价材料制成的钗，由于钗为女性专用，因此"荆钗"一词也成为平民女子的代称，于是"拙荆"便作为男性对自己妻子的谦称。如唐诗《怀良人》《叙怀》分别写有："蓬鬓荆钗世所稀，布裙犹是嫁时衣。""虽然日逐笙歌乐，长羡荆钗与布裙"，成语"荆钗布裙（荆枝作钗，粗布为裙）"便成为女性装束朴素的代名词。"贫女铜钗惜于玉，失却来寻一日哭。嫁时女伴与作妆，头戴此钗如凤凰。"唐诗《失钗怨》（王建）中明确描述了钗的制作材料以及器型为凤凰造型。虽然只是铜质的，但由于一方面是出嫁前女伴赠送之物，代表着青春的记忆和友情，同时也是家中十分珍贵的饰物，甚至有可能是唯一的妆饰品，所以女子惜铜钗如玉。总之，发钗根据钗首的不同装饰、形制命名可以分为：花钗、花鸟钗、花穗钗、缠枝钗、凤钗、燕钗、鸳钗、雀钗、鸾钗、蝶钗、辟寒钗、环钗、瑟瑟钗、圆锥钗等。如在钗首錾刻蟠龙则称之为"蟠龙钗"，在钗首装饰鸾鸟就被叫作"鸾钗"。有时也将材料和器型叠加进行命名，如玉燕钗、金凤钗、银凤钗等。

唐代女子还有一种以"分钗"赠别的习俗。也就是女子将头上钗的两股一分为二，一股赠给对方，一股留给自己。在唐代诗人白居易的《长恨歌》和韩偓的《惆怅》中分别有如下的描述："惟将旧物表深情，钿合金钗寄将去。钗留一股合一扇，钗擘黄金合分钿。""被头不暖空沾泪，钗股欲分犹半疑"的诗句。"分钗"成为恋人或夫妻之间别离时的一种寄托相思的方式。

据段成式《髻鬟品》、王睿《炙毂子》、宇文氏《妆台记》等唐人笔记的记述，唐代女子发式千姿百态，这也能从今天大量出土的唐俑、碑刻、墓室壁画以及存世的绘画中得到佐证。主要的发式有单刀半翻髻、双刀半翻髻、反绾髻、螺髻、乐游髻、双环望仙髻、回鹘髻、愁来髻、百合髻、归顺髻、盘桓髻、惊鹄髻、抛家髻、倭堕髻、乌蛮髻、长乐髻、义髻、飞髻、椎髻、囚髻、闹扫髻等（图5-7）。

由唐初到唐末，发髻高耸，而高髻又为插千姿百态的笄、簪、钗、花钗、华盛、步摇、梳、篦、宝钿、金钿、头冠、珠花、簪花、花树等提供了更为广阔的空间。《簪花仕女图》《捣练图》中所呈现的人物形象便是唐代高髻发式的典型，在王建的《宫词》以及白居易的《长恨歌》中也有"玉蝉金雀三层插，

图5-7　唐代女子发式（刘师羽手绘）

翠髻高丛绿鬓虚”“花钿委地无人收，翠翘金雀玉搔头”的描述。

唐女对高髻的偏好，可以从据传为唐代著名画家周昉的《簪花仕女图》中窥见一斑，画中的五位女子均梳高髻。尽管据《旧唐书·舆服志》记载，唐文宗曾发布过禁止高髻的诏令，但高髻却是十分时尚的贵族女性的发式，因此禁奢令流于形式，并未达到预期的效果。

高髻多为人发制造的假发髻，名为义髻。先将头发束至头顶部，再将义髻套扣，以簪子固定。由于髻高，较真人发髻蓬大，簪钗的柄长自然而然地相应变长。在广东广州皇帝岗唐代木椁墓出土的银鎏金钗长27.6厘米；江苏镇江丁卯桥窑藏出土的银钗长34厘米，在这批出土的唐代银钗中，大部分钗头为形态简单的半环状，并装饰以简单纹样，但其也是一次性出土数量最多的，达760余件。西安南郊惠家村唐大中二年（848年）墓出土了一组鎏金银钗，现藏于陕西历史博物馆，其中的摩羯荷叶纹银钗（长35.5厘米）（图5-8）、蔓草

蝴蝶纹钗（长37厘米）、双凤纹银钗（长30厘米）繁丽纤巧，体现了唐钗的神韵。

在高髻上除了插金属钗以外，还有玉钗。唐代最简洁的玉钗形状为两个扁圆柱体连接，底端有尖，玉钗的形制与丁卯桥出土的金银钗有较大区别，但在敦煌莫高窟的唐代壁画中有佩戴类似形态的发钗（图5-9）。

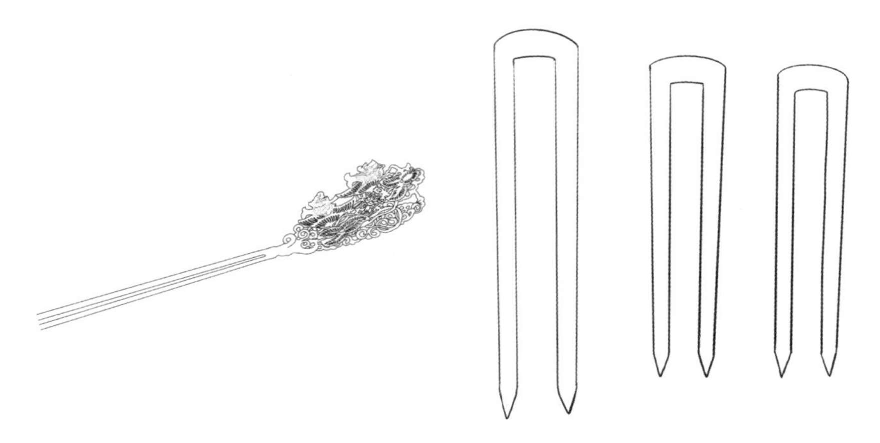

图5-8 鎏金刻花摩羯荷叶纹银钗（陕西历史博物馆藏，刘玮瑶手绘）

图5-9 玉钗（伍柏燃手绘）

（二）花钗、花树、华胜

花钗是由发钗演变而来的一种花型首饰。唐代金银工艺高度发达，出现了一种钗头錾刻、镂空成不同纹样的钗，称为“花钗”，这种钗头以镂花为特色，钗头饰以镂空花鸟鱼兽、花穗、缠枝等纹式。它们往往是一式二件，图案相同，方向相反，多枚左右对称插戴。还有的钗头上接或焊以宝相花形饰片，如湖北安陆唐代吴王妃墓所出土的，分十二瓣，嵌以宝石；其背部有小钮，钗股插入钮中，故容易脱落。西安韩森寨唐代雷氏妻宋氏墓出土的八瓣宝相花形饰片，以细小的金珠连缀成花叶，嵌以松石，花心还有一只小鸟。也有虽未另制作栖在钗上的小鸟，却将鸟形组织在钗头图案当中的。花钗是唐代极富代表性的首饰，对后世影响深远。

唐代后妃、命妇所簪“花树”，实际上就是较大的花钗。花树为隋唐时最隆重的大礼服首饰，难以将其与普通花钗混为一谈。花钗出现的场合均属于非礼服性的盛装，插戴随意，普通身份的插戴数目往往比后妃花树数目还多。

几件具有代表性的唐代花钗分别是：1956年出土于西安东郊韩森寨的鎏金蔓草蝴蝶纹花钗、摩羯荷叶纹花钗、双凤纹花钗；1970年出土于西安南郊何家村的两件鎏金蔓草蝴蝶纹花钗。这几件花钗的钗头部分体量较大，形态与今天人们常见的皮影、剪纸中的雕镂部分十分相似，钗头部分的纹样通常采用镂空、錾刻工艺制作而成，在錾刻细如发丝的纹样过程中，应是先将轮廓外形锯锉、打磨完成之后将金银板材固定在用松香、细土灰熬制成的胶板上，再用锋利的踢线錾镂刻而成。

鎏金云雀纹银钗是1986年在陕棉十厂出土的（图5-10）。

花钗全长25.5厘米，钗体扁平，较为独特的是鎏金云雀纹的钗首为双叶，

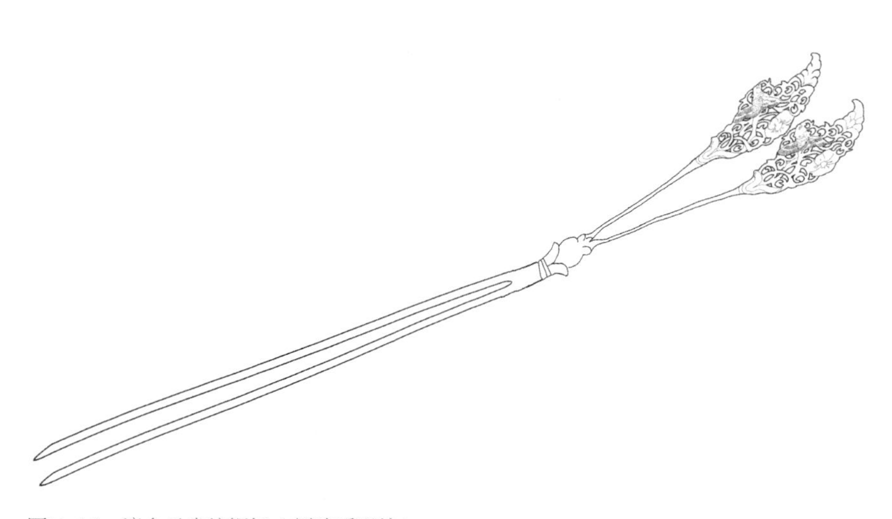

图5-10　鎏金云雀纹银钗（刘玮瑶手绘）

钗首两叶之间各饰有一只云雀，尖嘴圆目，双翅齐展，长尾拖后，自由翱翔。在云雀的正下方还錾刻着一朵美丽的花朵，钗首底部装饰有蔓草纹，钗首仿佛有一只云雀在花丛间自由翱翔。钗体结构巧妙，钗首薄而宽大，錾满蔓草纹。云雀的羽毛刻画得非常细密，尤其腹羽，细如丝发，富有松柔的毛感，表现出云雀向上飞翔的意境，加上鎏金钗插在乌黑的高髻上，便带有高贵艳丽的气质。段成式诗云“金为钿鸟簇钗梁”，韩偓诗云“水精鹦鹉钗头颤”，正与之相合。

2013年在扬州考古发掘出了隋炀帝和萧后合葬墓，萧皇后于贞观二十一年（647年）崩逝，上谥为愍皇后。其墓中出土了后冠一件，与李静训墓出土的黄金闹蛾扑花冠及李倕公主头冠所不同的是级别更高。萧皇后去世后，唐太宗是以皇后礼制进行葬殓的，冠制级别最高。后冠是作为礼服的头饰，而李静训墓出土的黄金闹蛾扑花冠及李倕公主头冠都是较常服重要，但又不是作为礼服的冠饰出现的。这是目前考古发现的唐代被修复后保存最为完整、级别最高的作为礼服头冠的冠饰。对我们研究礼服冠饰具有重大的意义和价值。萧后冠内部骨架由三层横箍与两道十字交叉梁组成框架，正面三道横箍上固定了12枚宝钿，以5、4、3的递减数量装饰，在数量上与《唐六典》关于后冠宝钿的文字记载契合。宝钿以黄金为托，呈倒水滴形，宝钿周围饰以珍珠，内有平面化的梅花装饰图案，与博鬓上的梅花图案及花树上立体的梅花花瓣相呼应。冠上饰首饰花12树，同样与《唐六典》的记载数量完全吻合。花树由一根铜管为柄，其上伸出12根弹簧状的螺旋花柄。花柄首端为鎏金铜箔片制成的花朵，其中有玻璃花蕊、小石人、细叶等装饰。萧皇后头冠除了12花树、12宝钿外，还有2博鬓，博鬓固定于底层横箍两侧，与鬓角的位置相重合，这与宋、明时期的博鬓置于后脑左右两侧不同，并且唐代博鬓左右只有1对，而宋、明时期的博鬓有3对（图5-11）。

华胜，即花胜，是古代女子使用的一种花形首饰，通常制成花草的形状插于髻上或缀于额前。

图5-11　萧后冠饰（伍柏燃手绘）

（三）步摇

步摇也是簪、钗的一种变体，是在簪、钗顶部装饰垂坠饰物，东汉末年刘熙的《释名·释首饰》解释说："步摇，上有垂珠，步则摇也。"步摇有多种形状，如枝叶形、花鸟兽形，还有牌饰制成山形的。在敦煌石窟《引路菩萨图》中有唐贵妇的形象，图中贵妇头簪步摇，并饰以大朵牡丹和朵花。

通过传世绘画、墓室壁画、石窟壁画以及考古实物等来看，初唐较少见步摇的踪迹，盛唐则使用渐多，中晚唐步摇的使用渐有被插梳取代之势，除礼制规定的正式礼服之外，贵族妇女更喜欢用插梳妆饰头部。步摇的使用者身份主要集中在贵族妇女中。从现存的图像资料来看，在永泰公主墓室椁内北面东间雕饰的侍女头上就有花形钗头的步摇出现。同样，在懿德太子墓室壁画的贵妇头上，也可见步摇的形象。

汤氏墓出土的唐代金镶玉四蝶银步摇长23厘米，其钗头以金丝镶嵌玉片制成一对展开的蝴蝶翅膀。蝶翼之下和钗梁顶端也有以银丝编制的坠饰。精细花纹展现出了蝴蝶翅膀丰富的纹理，突出了质感。而晶莹通透的玉石镶嵌，则逼真再现了蝶身闪闪发光的特质（图5-12）。

在《四季花与节令物：中国古人头上的一年风景》一书中贾玺增谈道："这种步摇花钗有四种方式，第一种，插在发髻上前端，如据传唐代画家周昉绘《簪花仕女图》中右边第二位贵妇披浅色纱衫，右手轻提纱衫裙领子，朱红色长裙上饰有紫绿色团花，上搭绘有流动云凤纹样的紫色帔子。左手第一位贵

图5-12　汤氏墓出土的金镶玉步摇（张雨晴手绘）

妇，髻插芍药花。她们的云髻顶端都簪插鲜花，前侧则簪插步摇花钗。也有发髻前面插步摇花钗的唐代侍女（图5-13）。第二种，插在发髻的侧面，如据传唐代画家周昉绘《簪花仕女图》、1961年陕西省乾县永泰公主墓出土阴线仕女画拓片、唐代吴道子绘《送子天王图》中王后和敦煌莫高窟61窟五代女供养人壁画的发髻侧面。尤其是《簪花仕女图》中的左手第二位仕女发髻侧下方簪的发钗与金镶玉步摇花钗颇为相似。第三种，插在发髻的后面，如江苏邗江蔡庄五代墓出土木俑的头后部还有簪插花钗的实物。这与同墓出土的银鎏金花钗实物极其相似。由此可见，每式花钗一式两件，花纹相同而方向相反，左右分插。第四种，从发髻顶端往下簪插，如湖北武昌第283号唐墓出土唐俑发髻顶部有插花钗花孔。"在此文中，步摇与花钗的概念有混淆之处，其一，步摇本

图5-13　陕西乾县唐代永泰公主墓出土石刻侍女墓室石椁线刻（张萌手绘）

是簪钗的一种变体；其二，根据《释名·释首饰》的解释："步摇，上有垂珠，步则摇也。"也就是说钗头需有垂珠，并且当人走动时垂珠会摇动式样的首饰才称之为步摇。《四季花与节令物：中国古人头上的一年风景》一书中的第三和第四类首饰就是花钗，花钗钗头多为固定式，钗头与钗身焊接为一个整体，且是无晃动的坠饰之物，步摇与花钗都是簪钗的变体，但属于两种不同形制的首饰。

（四）簪花

簪花也是唐代妇女喜爱的一种妆饰物，在首饰发展史中也尤为独特，簪插鲜花直到今天还是女子十分钟爱的一种头部装饰。唐代女性所簪之花，主要以鲜花为主，且大多为直接戴在头上。根据鲜花可获取的渠道和价格而言，除了贵族可以佩戴外，一般百姓应该也十分热衷佩戴。常见佩戴的鲜花品种有：牡丹、栀子花、杜鹃、月季等。在今天的南方许多城市街道上仍有销售鲜花供人佩戴的，尤其是栀子花花香浓郁且留存时间较长，深受女性追捧。簪花除了鲜花以外，还有各种人造花：如绢花、绫花、珠花等。据传唐代周昉所绘制的《簪花仕女图》《挥扇仕女图》（现藏于北京故宫博物院）都是以写实的手法描绘了宫廷仕女服饰，其细腻逼真的程度可以高度还原当时宫廷生活的真实状态。

"风带舒还卷，簪花举复低。……裙轻才动佩，鬟薄不胜花。""日高闲步下堂阶，细草春莎没绣鞋。折得玫瑰花一朵，凭君簪向凤凰钗。"诗句描述的都是唐代妇女簪花的情形。据传为周昉的《簪花仕女图》中的贵妇形象当是簪花女子的典型代表，画中左端亭亭而立的是一位贵族妇女，体态丰硕，发髻高耸，上插牡丹花一枝，髻前饰玉步摇，下缀珍珠似在微摇。头上步摇银质且配有红色宝石，缀有珠子、串饰，做工精细、组织性强、形态规整、风格庄重典雅（图5-14）。唐代妇女簪花常使用花型较大的戴在头顶，这与唐以后妇女常

图5-14　簪花仕女图（辽宁省博物馆藏，张萌手绘）

用小花戴在鬓边的习惯不同。唐代贵妇张扬的个性和敢与鲜花争高下的自信，通过簪花的形状偏好和簪花的位置表露无余。另外，簪花并不妨碍唐代妇女簪戴其他簪钗发饰。

《八十七神仙卷》是传为唐代画家吴道子所绘制的白描人物长卷，现藏于北京徐悲鸿纪念馆。图卷中仙人发式独特，不但簪有花朵，且两边发饰皆有垂坠，为串珠与其他材质相间制成，推测为织物或金属，形态各异，体量较大。头顶的装饰形态简单，多为较大的圆形装饰物和少许异形装饰物。仙人的发型与头饰各不相同，变化丰富，精致而不烦琐（图5-15）。服装变化不大，衣袖、裙褶、披帛、彩带都用长排线来表现，造成前行动势和飘飘欲仙之感。服装上没有纹样装饰，装饰物均在头部，形成了衣服的流动长弧线与头部短线条的对比，画面的整体效果清秀而富丽。头部装饰多为长条形态，展现出飘逸之感。

图5-15　八十七神仙卷（张萌手绘）

（五）梳篦

唐代女性对美的要求很高，在发饰上也极为讲究。梳和篦也是唐代妇女尤其是中晚唐的贵族妇女喜欢的发饰。根据《释名·释首饰》中“梳言其齿疏也。数者曰比（篦）”的记载来看，梳和篦的区别在于齿的疏密程度。唐代的梳篦也符合这个定义。元稹的《恨妆成》写道：“晓日穿隙明，开帷理妆点。傅粉贵重重，施朱怜冉冉。柔鬟背额垂，丛鬓随钗敛。凝翠晕蛾眉，轻红拂花脸。

满头行小梳，当面施圆靥。最恨落花时，妆成独披掩。”一个面敷香粉、胭脂，描黛眉、画面靥，鬓插钗、簪小梳的晚唐美人，近在眼前。梳篦具有整理头发的实用功能，梳子齿稀多用于梳理头发，起造型作用；篦子齿密，唐代的洗发用品去污能力较弱，头发脏污常需要用篦子篦去油污，头上长的虱子以及虱子的虫卵——虮子也需要用篦子篦除。梳篦在唐代还用作发髻装饰，即在高髻上插饰梳篦。装饰性梳篦与实用性梳篦相比，无论是材质还是制作工艺都更为精美华丽。唐代发梳用材十分考究，一般因用途而别。梳发用梳多以木、竹、牛角制成，插戴用梳常以金、银、玉等材料制作，王建的《宫词》中有“归来别赐一头梳”的诗句，正是对这种插梳风尚的描写。

唐代的梳篦多呈长方形、梯形、半月形等，宋代至今，梳篦的形状一般多做成半月形。插戴方法在据传张萱的《捣练图》、周昉的《挥扇仕女图》及敦煌莫高窟9窟、10窟、130窟、196窟和榆林窟壁画中均能看到。就《捣练图》所画插梳方法来看，有单插于前额、单插于髻后、分插于左右顶侧等形式（图5-16）。《挥扇仕女图》中所绘的插梳方法有单插于额顶、在额顶上下对插两梳及对插三梳等形式。

敦煌莫高窟第130窟盛唐供养人乐廷环夫人太原王氏的花梳插于前额及侧面（图5-17）。同一窟中的众随从侍女，也是髻饰花钿，发间插圆背小梳，不过由于画面布局的关系，我们只能看到这些侍女右四分之三侧面鬓发上的梳篦，由此可见，盛唐时期，贵族妇女的头部装饰有花钿、步摇和梳篦。插梳形式主要以圆背小梳或前后或左右的单插为主，至晚唐、五代，插梳逐渐成为头饰的主流。此时妇女头部所插梳篦数量增多，有的多达十几把，插法也有了变化，榆林窟五代女供养人壁画曹夫人李氏头上就插有6把梳篦、金银花钗、金钿花。在她的随行侍女中，左起第一位女子在前额发上下对插一对梳篦。同种

图5-16　捣练图局部（美国波士顿美术博物馆藏，庄清意手绘）

图5-17　敦煌莫高窟第130窟，都督夫人礼佛图中的乐廷环夫人（张萌手绘）

情况，在敦煌第196窟壁画中也有出现。

在敦煌莫高窟第98窟五代于阗国王李圣天后曹氏像中，曹氏头上凤冠宝髻，饰金花簪篦，最醒目的是额前对插的直背大梳。可见此种头饰装饰方式是中晚唐时期的流行时尚，并一直延续到五代。“归来别赐一头梳”说的正是这种插梳风尚。典型的梳篦出土实物有现藏于陕西历史博物馆的金梳背（图5-18）以及于江苏扬州三元路唐窖藏出土的镂刻而成的金錾花栉，高12.5厘米，梳背呈半圆形，在其中心部位采用镂刻工艺制作的缠枝地纹和一对吹笙、持拍板的飞天，梳背四周还錾刻、镂空有联珠纹、鱼鳞纹、梅花和蝴蝶，制作工艺极其精细（图5-19）。

唐代玉梳多为半月形，其制作工艺主要有两种：一是整体都由一块玉料制作，梳背呈半圆形，上端为梳柄，下端为梳齿；另一种以玉作梳背，在梳篦下端钻孔，插上金银、骨角或木质材料制作的梳齿（图5-20）。

存世的唐代玉梳有现藏于北京故宫博物院的一件玉质花卉纹梳背，长13.8厘米，宽4.8厘米，厚0.2厘米。梳背采用优质新疆白玉制成，两面皆饰相同纹饰。从梳背的形状看，此件梳背应属于中唐器物。梳背两面边框内凸起

图5-18　金梳背（陕西历史博物馆藏，魏思凡手绘）

图5-19　金錾花栉（南京博物院藏，刘雅宁手绘）

图5-20　玉花鸟纹梳（侯媛笛手绘）

浅浮雕图案，中部为3朵花，花朵旁衬托多层叶片，叶片宽厚，边沿饰细阴线。此梳背上所饰花叶造型奇异，花心大如苞蕾，花朵下的侧形叶端部回卷（图5-21）。唐至五代，用于头部装饰的玉饰品一般都较薄，且玉质精良，表面平整，刻画图案多用阴线，线条直而密，这些特点在此玉梳上都有明显体现。

图5-21 玉质花卉纹梳背（北京故宫博物院藏，魏思凡手绘）

唐代的玉梳并不只是用来梳理头发，更重要的是插在头发上面用于装饰，玉梳制作精巧，多为玉梳背与木头镶嵌而成，由于木头大多腐朽，所以出土的玉器大多只保留了用玉石制作的上半部分，即为玉梳背。玉梳背呈半月形，其上雕刻各种纹样。图5-22所示的海棠玉梳背，采用阴线刻画和减地平雕的技法，四周琢出扁平的榫以供镶嵌，线条流畅，画面生机勃勃。

图5-22 海棠玉梳背（西安市文物保护考古研究院藏，魏思凡手绘）

插在头上的装饰性梳篦数量不一，根据女子所处的社会地位从一把到四五把不等。

（六）宝钿、金钿与花钿

唐代宝钿或金钿是指插在高髻上的饰品，而花钿则多指贴在眉心或脸颊上的饰品，也有装饰在衣服和鞋子上的。由于其外轮廓形态有相似之处，导致人们常把这两者混为一谈。宝钿或金钿多为金银、宝石等制作而成，以金银为托，镶有宝石的称为宝钿；只使用金银材料制作而成的称为金钿，也称之为钿花、金花或花子。代表性作品有承训堂藏唐代团花金钿，直径3厘米、重0.9克。此金钿呈葵花式，中心为正圆形，包镶宝石。第二层主体为包镶的六颗水滴形宝石，底纹则为炸珠工艺制作而成的数颗金珠，由于年代久远，大部分宝石已脱落。外层则为用金片锻打而成的葵花花瓣，整体廓型呈团花状（图5-23）。

宝钿或金钿的佩戴方式有两种，一种是在金花背面焊接钿脚，直接插于发髻上。另一种则无钿脚，在花蕾部分或花瓣的背面有一个钮孔，使用时以簪钗两支钗脚插入孔中，固定在发髻上，配合簪钗使用。1955年在西安东郊韩森寨考古发掘葬于天宝九年的雷宋氏墓出土的金花即属此类。金花的“外围是用

图5-23 团花金钿（承训堂藏，刘雅宁手绘）

六个花朵组成的，在花朵的一边用极细小的金珠连缀成花，大部脱落不见，在花的中心有隆起的庞大花朵，艳丽的花朵上有一只玲珑的小鸟，双翅展开掩蔽在花瓣中，头伏在胸部，细而尖的喙伸入羽毛内，好像在抖擞弹痒似的，两足踩在花朵上，足的下端有一扁长小孔，似乎是安器柄的地方”[1]。

花钿的制作材料为金银箔、黑光纸、鱼鳃骨、珍珠、鱼鳞、茶油花饼、螺钿壳及云母等。宝钿、金钿与花钿多为花卉廓型，形状丰富多样，有宝相花形、桃花形、梅花形、折枝花、葵花形、石榴花形、团花形及圆形等，其中以梅花形和圆形最为多见。花钿还有小鸟、小鱼、小鸭等动物形态的。花钿是使用鱼鳔胶或猪鳔胶粘贴在额上眉间或脸颊上，温庭筠《南歌子》词云：“脸上金霞细，眉间翠钿深。”其中“翠钿”指的就是贴脸花钿。贴脸花钿严格意义上不属于首饰的范畴（图5-24）。

图5-24 头上脸上都饰以花钿的女子（庄清意手绘）

因此总体来说宝钿、金钿和花钿的佩戴方式与部位、制作材料、工艺皆不相同，所相同的只是三者的形状多为花卉形。

唐代女性流行佩戴金钿，少则一两支，多则数支。以据传为唐代画家张

[1] 阎磊. 西安出土的唐代金银器 [J]. 文物，1959(8)：35-36.

萱的工笔重彩设色仕女画《捣练图》为例，该作品描绘了唐代不同年龄段的女性在熨烫、缝制、理线、捣练等劳动过程中的现实场景，共有十二个人物形象，画面左侧第一个抻绢的妇女头上就佩戴有5支金钿（参见图5-16），持熨斗、缝纫以及在捣练场景中最后两位挽袖持杵的妇女发髻上都左右对称地插一支花钿。

结合唐代留存下来的绘画、墓室碑刻、壁画中描绘的佩戴金钿的各类人物形象来看，金钿的佩插方式有如下几种：①金钿十分突出地沿半圆形发髻呈扇形插于反绾髻上。头发反绾于头顶，额前头发不蓬松散乱，不作下垂状。典型案例就是《捣练图》画面左侧抻绢的妇女，5支金钿成为其发饰上的点睛之笔。②发髻两侧左右对插型，这种插法主要集中在前低后高的发式上。③顶发独插型，这种插饰方法主要集中在高髻上。

金钿既可以作为独立的发饰，也可以与梳篦、简约的钗簪、华胜等配合使用。

三、耳饰

耳饰包括玦、耳珰、瑱（充耳）、耳环、耳坠、丁香、耳钳七大门类。

唐代佩戴耳饰可以从文献中看到如下记载，元稹在《和李校书新题乐府十二首·胡旋女》中写有“骊珠迸珥逐飞星，虹晕轻巾掣流电”，李群玉在《长沙九日登东楼观舞》中写有“南国有佳人，轻盈绿腰舞。……坠珥时流盻”，两首诗都是描写舞女佩戴珠玉耳环进行舞蹈的形象。从这些诗中可以看出当时舞女、优伶等多数佩戴耳饰。从张籍《昆仑儿》诗“金环欲落曾穿耳，螺髻长卷不裹头”的描绘中，同样可以看出诸多少数民族和外国人是佩戴耳饰的。

唐代佩戴耳饰的人物图可以在壁画和雕塑中见到，尤其是在佛教题材中，佛、菩萨、天王、力士等多佩戴耳饰，所见样式几乎涵盖了耳饰的全部种类，尤以造型各异的耳坠居多。即便不戴耳饰，也能在耳垂上看到耳洞。唐代佛教人物佩戴耳饰主要是受到印度文化的影响，印度服饰十分重视耳饰、璎珞、流苏、手镯、臂钏等装饰品。值得注意的是唐代绘画以及墓室壁画、碑刻，包括考古发掘出土的数以万计的陶俑中很少见佩戴耳饰的人物形象。如《簪花仕女图》《捣练图》《虢国夫人游春图》《步辇图》等传世名作，都能看到画面中有其他类型的首饰，但没有佩戴耳饰的人物形象出现。尽管汉族地区佩戴耳饰较少，但对外来文化包容并蓄的唐朝，对外交流频繁，为我们保留了大量不同民族、种族的人佩戴耳饰形象的珍贵资料，尤其是在敦煌洞窟中。如初唐第355窟，图中坐地忍受风吹、体态丰盈的妇女，双耳佩戴一圆珠下接椭圆形珠子的耳饰，东华大学研究生田华在其毕业论文《敦煌莫高窟唐时期耳饰研究》中写有：“从唐代敦煌经变画中描绘的形象资料来看，唐时期的吐蕃人、回鹘人、昆仑人，都有佩戴耳饰的习俗。回鹘男性以佩戴耳环、耳坠为主；吐蕃男女贵族皆以佩戴耳钉为多。”[1]

[1] 田华. 敦煌莫高窟唐时期耳饰研究 [D]. 上海：东华大学，2006.

敦煌莫高窟中人物佩戴的耳饰也是东西方文化交融、碰撞的例证。如第217窟中菩萨戴的“耳钳”（图5-25），第158窟中菩萨右耳“耳珰”和左耳“耳坠”的佩戴方式，以及多数经变画中的菩萨所饰“耳坠”和当时世俗人士佩戴的耳饰皆有雷同，这说明菩萨所饰耳饰在一定程度上是参照当时世俗描绘的，并非画匠凭空想象。

图5-25　第217窟观音菩萨（刘敏手绘）

目前考古出土的唐代耳饰主要有1972年陕西礼泉县烟霞公社兴隆村越王李贞墓出土玉耳坠一对，乳白色，呈锥状，尖端有孔；现藏于安徽铜陵市国盛民俗博物馆中的包金绿松石耳环一对，长3.6厘米（图5-26）；黑龙江宁安市莲花乡虹鳟鱼场渤海墓葬中发现有青玉耳坠一件（现藏于黑龙江省文物考古研究所），外径2.65厘米、内径0.97厘米、壁厚0.32厘米；1971年9月吉林和龙县河南屯渤海古墓出土金耳环一对（现藏于吉林省博物院），呈圆环状，素面无装饰纹样，周长5厘米，重6.5克。

唐代最具代表性的耳饰有1988年陕西咸阳贺若氏墓出土的高3.6厘米的两枚形制相同黄金包镶红、蓝、绿等多色宝石的耳坠，坠身呈橄榄核形，上下两端以炸珠工艺制成圆形联珠纹，联珠纹上端焊接有倒“U”字形穿耳，穿耳末端和金属柄上也焊有炸珠工艺制成的金珠，局部金珠已脱落。联珠纹下端连接金质圆形金属环，其中一枚耳坠的圆形金属环已经锈蚀。耳坠主体部分用两条黄金丝分割成上中下三层，上下两层背向对称，以水滴形分割装饰，由于内镶宝石大部分已经锈蚀脱落，无法判断所使用的材质，中间层则制作成圆形联珠纹饰，同样内镶宝石。这两枚耳坠是目前出土的唐代耳饰中最为精美、最具代表性的作品，制作工艺上涵盖了镶嵌、炸珠、铸造、拉丝、焊接等繁杂的工艺门类，堪称唐代首饰的上乘之作（图5-27）。

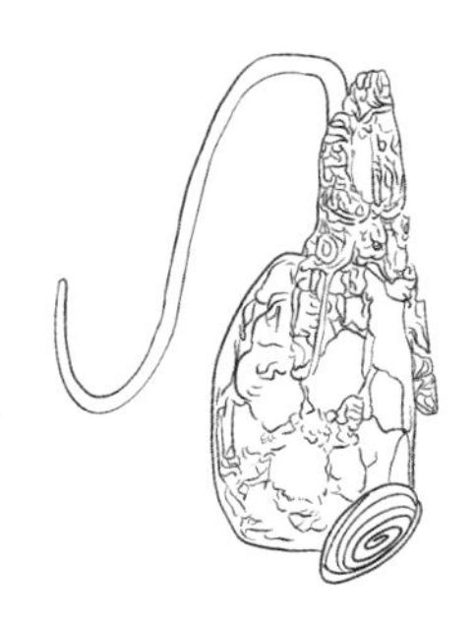

图5-26　唐代包金绿松石耳饰（安徽省铜陵市国盛民俗博物馆藏，刘雅宁手绘）

图5-27　陕西咸阳贺若氏墓出土的多色宝石耳饰（侯媛笛手绘）

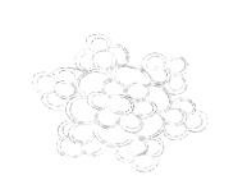

江苏扬州市三元路窖藏出土的5件唐代耳饰（现藏于江苏省扬州博物馆）也属于唐代首饰中难得的精品，其中金耳坠一件、球形嵌饰金耳坠两件、球形金耳坠两件。制作最为精美的为球形嵌饰金耳坠，主体形态用金丝编制焊接而成，耳坠中心部位为透空大金珠，用花丝编制成七瓣对莲花瓣形，镶嵌有红宝石和琉璃珠（图5-28）。

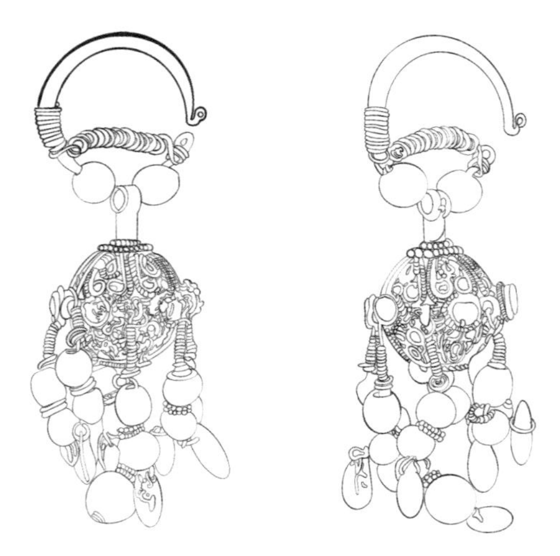

图5-28　球形嵌饰金耳坠（江苏省扬州博物馆藏，刘雅宁手绘）

另外，唐代耳饰还分别在陕西、江苏、黑龙江、吉林等地出土，其覆盖地域之广，可以证实唐代耳饰虽然达不到其他首饰佩戴的流行程度，但也是当时十分重要的首饰类别。其制作工艺水平、艺术审美，与其他类别的首饰都处于同一高度，甚至从文化交流角度而言，耳饰的研究尤为重要。

四、项饰

项饰主要有项链、项圈、璎珞、念珠等几类，唐代的项饰也常有以项链、项圈与璎珞组合的形式出现。

（一）项链、项圈

项链多用珍珠、宝石或金属链条串联为一个整体，分为有吊坠项链和无坠项链等；项圈则多为金属材质一体制成的圆环状首饰。我国在新石器时代的西安半坡遗址就出土了大量用兽骨、兽牙以及贝壳制成的项链。项圈作为颈部装饰品，佩戴者多为婴幼儿，这是民俗中取其将婴幼儿圈住的寓意，保佑儿童健康成长、远离疾病灾祸。给儿童戴项圈的风俗时至今日依然盛行，多为外祖父、外祖母在孩子满月时用红绳绑好作为满月礼送给孩子，与金项圈、银项圈配套的礼物还有长命锁和脚铃铛，后逐渐形成项圈和长命锁的固定组合，取其长命富贵的美好寓意。“银鸾睒光踏半臂”是唐代诗人李贺在《唐儿歌》中描写孩童服饰的诗句，“银鸾”即为鸾鸟形银项圈。西安韩森寨唐墓出土的颈部佩戴一件扁片状项圈的襁褓婴儿俑（现藏于西安博物院）就是这一习俗在唐代的呈现（图5-29）。

唐代项链的形象资料主要集中在佛教雕像、壁画之中，出土或存世实物较

图5-29 西安韩森寨唐墓出土的颈部佩戴一件扁片状项圈的襁褓婴儿俑（西安博物院藏，刘雅宁手绘）

少。西安市玉祥门出土的隋大业四年（608年）李静训墓的金项链可以作为初唐项链的重要参照物，该项链由28个金质花珠组成，各珠嵌米珠10颗，金珠分左右两组，每组14个，其间用多股金丝链索相连。上端为金扣环，双钩双环，扣上镶有凹刻鹿纹的蓝色宝石，下端为圆形和方形金饰，上嵌红玛瑙、青金石及米珠，中间下悬一滴露形镶嵌，这件金项链是初唐首饰工艺的成熟体现（图5-30）。

图5-30 李静训墓出土的金项饰（侯媛笛手绘）

从目前所掌握的资料来看，唐代项链多有项坠。如咸阳郭村唐墓出土的彩绘女佣颈部佩戴有项坠的珠串项链（图5-31），敦煌莫高窟第12窟晚唐时期供养人胸前项链（图5-32）以及韦顼墓中贵妇人颈间的项链（图5-33）都是这种样式。也有部分项链呈单串式不加项坠的，式样较为简单，形制与念珠近似。在据传为周昉的《簪花仕女图》中也有单串项链出现。但佩戴时多几串合戴，合戴的项链中，多数是同种材质、同种款式，不同长度组成的同心圆，但也有不同材质、不同款式的项链组成的同心圆。

晚唐敦煌壁画中供养人项间装饰繁复华美，第9窟、第10窟、第12窟供养人画像中都有佩戴项链的人物图像出现。

图5-31　咸阳郭村唐墓出土的彩绘女佣（伍柏燃手绘）

图5-32　莫高窟第12窟供养人（刘雅宁手绘）

图5-33　韦顼墓石椁线刻仕女（伍柏燃手绘）

唐代的项圈大多呈宽扁的月牙状，高春明的《中国服饰名物考》一书中收录有一件传世唐代银项圈，形如弦月，其上装饰唐代盛行的缠枝对鸟纹（图5-34）。1958年陕西耀县柳林唐代窖藏出土一批时代约为唐宣宗大中年间的银器中包括一件银项圈，与《中国服饰名物考》收录的传世唐代银项圈形制类似，素面无纹。在浙江长兴下莘桥窖藏中有一件花鸟纹银项圈（长兴县博物馆藏），外径15.8厘米，项圈由中间部分侧面呈三角形然后向两端逐渐变平的银条锻打弯曲而成，内侧银条上正面錾刻飞鸟、卷草纹饰，底纹为唐代典型的珍珠纹。外侧银条则为素面，在装饰上形成简与繁的对比关系，银条两端尖细部分用银丝缠绕固定成型。

图5-34　唐代银项圈（参考高春明《中国服饰名物考》，侯媛笛手绘）

（二）璎珞

璎珞也叫作“缨珞”。其制作材料“主要有琉璃、摩尼（水晶）珠、金银珠、真珠（珍珠）、金刚宝珠（钻石）、珊瑚、光珠（琥珀）、火珠（夜光珠）、红蓝色宝石等”[1]。也有学者认为，佛教七宝璎珞特指金、银、琉璃、砗磲、玛瑙、珍珠（一说为珊瑚）和玫瑰石（一说为琥珀）。

据玄奘《大唐西域记》记载：“国王、大臣服玩良异，花鬘宝冠以为首饰，环钏璎珞而作身佩。”[2]可见璎珞是古代印度的一种项饰，后璎珞随佛教文化一起传入我国，在唐代宫廷侍女、舞伎中流行。随着璎珞逐渐本土化，其上半部为一半圆形金属颈圈，下半部为一珠玉宝石组成的项链，有的在胸前部位还悬挂一较大的锁片形饰物，形制体量较大，也有学者认为唐代的玉佩（佩饰）也是璎珞的变体。唐代璎珞虽有延续之前的装饰形式，但也融入了大量的中国文化元素。这时出现了垂于胸前的项圈式、珠链式短璎珞以及斜挂式的“U”形或“X”形长璎珞。

“就形状而言，项圈式璎珞（包括项链式璎珞）以项圈为中心，在间隔相等的项圈外沿，向外扩展出多条珠、玉垂挂，一般1~3条，多集中在前胸。这种璎珞的项圈部分是装饰重点，通常在项圈的圆环上雕刻莲花纹，也有在其上装饰螺旋形卷草纹的，还有在项圈外壁装饰联珠纹的……披挂式璎珞与上一类相比，不仅长度可及膝或及踝，形状也较为多样。一般主要有单肩斜挂、项圈加‘U’形直挂、项圈加‘X’形斜挂加‘严身轮’等三种。”[3]敦煌莫高窟第220窟（初唐）中，捧香饭菩萨跪于莲花之上，颈部披挂环状璎珞（图5-35），以及莫高窟第57窟（晚唐）说法图观音菩萨的身上所戴多条玉石项链组成的璎珞即属此类璎珞的典型代表（图5-36）。

图5-35　莫高窟第220窟捧香饭菩萨（李卓手绘）

图5-36　莫高窟第57窟说法图观音菩萨（伍柏燃手绘）

❶ 谢弗. 唐代的外来文明[M]. 吴玉贵，译. 北京：中国社会科学出版社，1995：487-527.

❷ 玄奘. 大唐西域记[M]. 北京：中华书局，2000：88.

❸ 纳春英. 唐代服饰时尚[M]. 北京：中国社会科学出版社，2009：123.

（三）串饰、串珠、佛珠

串饰在人类活动的早期——新石器时代就已经出现，早期串珠多为兽骨、兽牙、贝壳等。新石器时代中期以后玉制珠串渐渐成为主流，取代了动物的牙、骨制成的珠串。佛教传入中国后，佛珠成为串珠的一个重要门类，《旧唐书·李辅国传》载："辅国不茹荤血，常为僧行，视事之隙，手持念珠，人皆信以为善。"[1]

佛珠也称之为念珠、数珠等，一般由佛头或母珠、隔珠或隔片、子珠、弟子珠、记子留、流苏等部分组成，佛珠一般是圆球形的，有圆满、完美无缺的寓意。也有佛珠直接用同等大小的珠子穿成串。如1988年咸阳市底张湾隋王世良墓出土了一件玛瑙串珠、一件水晶串珠，玛瑙串珠有残损，这两串串珠是由大小相同的玛瑙和水晶圆珠穿成，其形制与今天人们佩戴的串珠并无二致。

根据佛珠所佩戴的部位可以分为三类：①持珠（用手掐捻或者持念的佛珠）；②佩珠（戴在手腕或臂上的佛珠）；③挂珠（挂在颈上的佛珠）。

佛珠多用辟邪木（如檀木）加工制作而成，也有采用菩提子、牛角、牛骨、陶瓷、紫砂、雕漆、象牙、水晶、玛瑙、玉等材料的，甚至还有用人头骨来制造手串的，如《西游记》描写唐僧师徒在流沙河边第一次遇到沙僧时，他是如此形象："身披一领鹅黄氅，腰束双攒露白藤。项下骷髅悬九个，手持宝杖甚峥嵘。"[2]佩戴头骨串饰更具神秘感与狞厉感。

五、臂饰

臂饰包括臂钏、臂环、跳脱、缠臂金等。臂钏多戴在大臂上，手镯则是戴在手腕处，也可称之为腕钏。臂环、跳脱、缠臂金是既可戴在小臂上也可戴在大臂上的环形首饰。跳脱、缠臂金是用金属条、带盘绕三至八圈，最多十二三圈呈螺旋圈状的饰物。在许多文献中常将臂钏、手镯、臂环、跳脱、缠臂金混为一谈，它们都是手臂上的装饰物，其区别主要在于佩戴部位的不同。

（一）臂钏

钏源于镯，臂钏也称之为臂环。

唐代十分流行佩戴臂钏，唐代诗歌中有诸多描写臂钏的诗句。如陈述《叹美人照镜》："衫分两处色，钏响一边声"，李百药《寄杨公》："高阁浮香出，长廊宝钏鸣"，徐惠《赋得北方有佳人》："腕摇金钏响，步转玉环鸣"等诗句。文献中同样有许多对臂钏的记载，如《新唐书·回鹘传》中有"以赤皮缘衣，妇贯铜钏"[3]的记载。除文字记载外，我们还可以在传世绘画和壁画中发现臂钏的形象。敦煌莫高窟壁画中大多女性都戴有臂钏；在龙门石窟、敦煌莫高窟、麦积山石窟等佛教造像中，多有佩戴臂钏者。法门寺"捧真身菩萨"鎏金雕像

[1] 刘昫，等. 旧唐书·李辅国传：卷一百三十四 [M]. 北京：中华书局，1975：4759.

[2] 吴承恩. 西游记 [M]. 长沙：岳麓书社，1999：134.

[3] 欧阳修，宋祁，等. 新唐书：卷二百一十七 [M]. 北京：中华书局，1975：6145.

上同样佩带臂钏。敦煌莫高窟第328窟、第57窟、第45窟、第46窟、第196窟的菩萨以及第112窟反弹琵琶的飞天臂上，都可见到单圈的臂钏。

唐代金银臂钏出土较多，最具代表性的是法门寺地宫出土的六件鎏金银臂钏。这六件臂钏分为两种形式，一种形式为带圆形钏面的臂钏，共两件（图5-37），圆形钏面外缘绕一周莲瓣纹，后缘饰一周流云纹，仰莲流云纹底上饰四个十字形纹样，钏面上的纹样以珍珠为中心点构成同心圆形式，钏面铸造成形后与钏体焊接而成，钏体内壁打磨、抛光光滑，外饰缠枝纹，纹饰鎏金，鱼子纹衬地；另一种形式的臂钏共四件（图5-38），没有圆形钏面，外壁同样錾刻缠枝纹，形态与现代手镯近似。

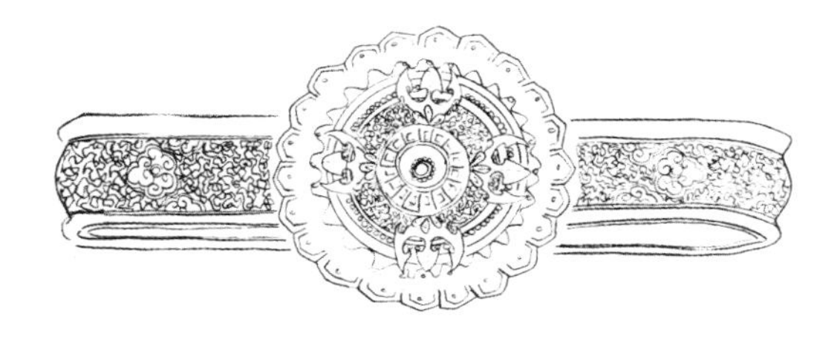

图5-37　鎏金银臂钏（宝鸡法门寺地宫出土，李佳其手绘）

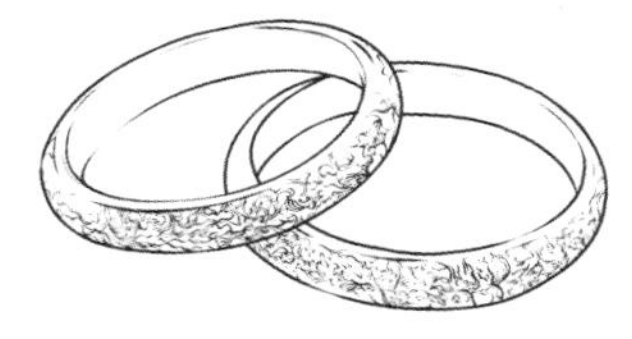

图5-38　鎏金三钴杵纹银臂钏（宝鸡法门寺地宫出土，白露月手绘）

（二）跳脱、缠臂金

跳脱，亦称为缠臂金，也是一种臂饰，多戴于手腕至大臂之间，即介于手镯和臂钏之间的部位。李商隐《中元作》诗云："羊权须得金跳脱，温峤终虚玉镜台。"缠臂金，顾名思义就是用金属条缠绕在手臂上，少则三五圈、多则十几圈不等，两端以金银丝缠绕固定，并能调节松紧。在唐代阎立本《步辇图》中抬步辇的九名宫女除一人背对画面无法确知以外，其余八人皆佩戴有自腕至臂的多圈"跳脱"或"缠臂金"。《簪花仕女图》中一妇人左右手都佩戴着"跳脱"或"缠臂金"，严格意义上来说，"跳脱"或"缠臂金"与臂钏最主要的区别在于臂钏为单圈，且特指戴在大臂上，内径较手镯粗大许多，而"跳脱"或"缠臂金"为多圈，且每圈粗细都不同；其次，"跳脱"或"缠臂金"在佩戴者活动时会有跳动之感，且相互碰撞时会发出声音，而臂钏则为固定位置。

六、手饰

手饰主要包括手镯和戒指等。

（一）手镯、腕钏

手镯俗称镯子，也称腕钏。手镯在新石器时代就已出现，如半坡遗址曾出土了陶环、骨环和石镯，佩戴手镯在唐代十分流行。制作手镯的材料多为金、银、铜、玉石等，金镶玉等组合材料和制作工艺的手镯也有出现，造型有圆环型、串珠型、绞丝型、竹节型等。

新疆吐鲁番阿斯塔纳唐墓出土的《弈棋仕女图》中，可以看到绘有佩戴手镯的妇女形象。

工艺、结构复杂的手镯从李静训墓出土的设有活轴的金镯就能窥见一斑，该手镯镯身装有铰链、活轴，能够灵活地开合佩戴，并且在镯口机括处镶嵌多颗各色宝石，廓型简约不繁复，巧思妙想与精良的做工融为一体，这为何家村窖藏出土的两件工艺复杂、制作精美的镶金白玉钏打下了良好的技术基础（图5-39）。

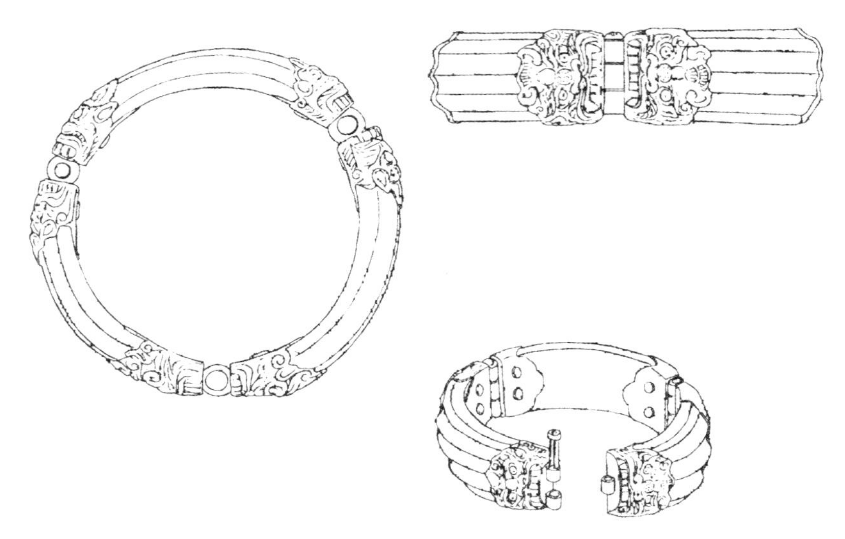

图5-39　镶金白玉钏（西安何家村唐代窖藏，简雪云手绘）

1988年陕西省咸阳市郊唐墓出土的双龙戏珠金钏（现藏于陕西省考古研究院），直径约6.5厘米，该金钏分两段铸造成形，并由轴将两部分连接成椭圆形，轴的上下各有一颗金珠，珠上还装饰有一朵四瓣花，花朵两侧是两两相对的龙首，似二龙戏珠（图5-40）。

图5-40　双龙戏珠金钏（陕西省考古研究院藏，李佳其手绘）

唐代鸿雁纹鎏金银腕钏（现藏于洛阳唐艺金银器博物馆），直径6.5厘米，重38.32克。腕钏以银片锤打而成，钏面中间宽，两端窄，开有豁口，钏面錾刻鸿雁纹，纹饰鎏金，钏面有一条明显的纵向凸棱，两头捻搓成细丝分别折回，各缠十六圈做成开口，使用时可根据手腕的粗细调节腕钏开口的大小（图5-41）。相同形制的手镯在江苏丁卯桥窖藏共出土了29副，直径为5.2～6.3厘米。通过对其制作工艺、造型、纹饰的考察发现与浙江长兴下莘桥窖藏出土的花鸟纹银项圈属于同一类型。这两件首饰出土地域不同，佩戴部位不同，但设计思路与制作工艺完全一致，充分说明这种形制的项圈和手镯在唐代十分流行。

图5-41 鸿雁纹鎏金银腕钏（洛阳唐艺金银器博物馆藏，侯媛笛手绘）

（二）戒指、扳指

戒指，又被称为指环。从戒指出现到现代的几千年时间里，素面戒指的造型几乎没有变化，都是依据所佩戴手指的粗细制作为一个单圈。唐代的戒指制作材料主要有玉、金、银、金镶宝石等。在唐代戒指不及其他饰品流行，文献记载和出土实物都较少，大部分戒指不是作为装饰性佩戴，例如，印章戒指和扳指都有其实用功能。同时，戒指还成为男女之间的定情之物。如《全唐诗·与李章武赠答诗》女子的唱和诗为："捻指环，相思见环重相忆。愿君永持玩，循环无终极。"

在《新唐书·列传第八·诸帝公主》"主次太原，诏使劳问系涂……玉指环往赐"[1]的记载中，指环则是作为一种赏赐之物。在敦煌莫高窟初唐第057窟南壁供养菩萨右手小指处，十分显眼地绘制有一枚中间镶宝石用联珠纹装饰的戒指（图5-42）。唐早期的戒指可以参照李静训墓出土的两枚金戒指和玉戒指。其余出土的唐代戒指实物有"江苏徐州市花马庄初唐墓出土金戒指一枚；河南偃师市杏园村YD1902号唐墓出土金戒指一枚；辽宁朝阳市双塔区一号唐

图5-42 第057窟南壁供养菩萨（侯媛笛手绘）

[1] 欧阳修，宋祁，等. 新唐书：卷八十三[M]. 北京：中华书局，1975：3669.

墓出土铜戒指五枚，三号墓出土金戒指一枚。河南偃师市杏园村YD1902号唐墓出土金戒指较为典型。这枚戒指最大外径2.2厘米，重6.5克，金质圆环上镶椭圆紫水晶一块，紫水晶上刻两个巴列维语字，发现这枚戒指时，它正和一长条形玉石器同被握在墓主人的右手里，而不是戴在手指上，证明这枚戒指应该是枚印章戒指。”❶

扳指，是射箭时佩戴在拇指上钩弦所用。以唐代铜鎏金银扳指为例，该扳指外侧采用箭镞纹和内侧的联珠纹构成一个凹槽，外侧直径小，内侧则要粗一些，这应该都是从实用的角度设计规划的（图5-43）。

图5-43　铜鎏金银扳指（侯媛笛手绘）

七、腰饰

腰饰主要有玉佩、腰带、鱼袋、香囊等。

（一）玉佩

“珮”即组玉佩，一品以下至五品以上官员出席正式场合必须佩戴。

唐代男女均可佩戴玉佩，以玉佩所使用材料和颜色、制作工艺、尺寸、形制与纹样等的不同，区分等级。

例如，唐代刘智夫妇墓出土的组玉佩以及李贞墓等考古发掘、出土的组玉佩，珩、璜、冲牙的质地与形制都相同，并且串珠和坠的质地也同为琉璃，在大珩的顶部固定一鎏金铜挂钩。《旧唐书・舆服志》在谈及侍臣佩玉时说：“正第一品佩二玉环……诸佩，一品佩山玄玉，二品以下、五品以上，佩水苍玉。”❷至于唐代组玉佩的佩法，可以从懿德太子墓石椁线刻的图案来观察，图像中左右对立的朝服女官各佩戴一组玉佩。结合刘智夫妇墓和李贞墓出土情况来看，可以确定，唐代组玉佩的佩戴方式为悬挂在身体腰部两侧各一组（图5-44）。

唐代对玉佩的形制、等级、佩戴方式等都有严格的规定，佩玉制度从初唐确立直到唐末没有发生太大的变化。

从文献记载来看，组玉佩作为隋唐时代朝服系统的标准配饰，是中级以上

❶ 纳春英. 唐代服饰时尚［M］. 北京：中国社会科学出版社，2009：127.

❷ 刘昫，等. 旧唐书：卷四十五［M］. 北京：中华书局，1975：1945.

官员在正式场合用以区别身份地位的象征。从考古发现的实物来看，组玉佩自隋初至唐代中晚期的墓葬始终有实物出土，说明其在当时的舆服制度中占有不可或缺的地位，在丧葬礼仪中也是当时朝服葬的标志。隋唐组玉佩的佩戴和随葬没有性别区分，女性只要有足够高的品阶和爵位亦可使用，懿德太子墓石椁线刻图和唐代齐国太夫人吴氏墓所出者即是例子。在朝服葬中，有的家庭会为墓主人装殓随葬组玉佩实物，而有的则选择组玉佩明器，前者以唐代刘智墓组玉佩为典型，后者以华文弘滑石组佩为典型。唐代墓葬中的随葬组玉佩实物较少，仍多以明器为主，而且并不一定随葬完整的成套组玉佩，而多用玉佩部件来代替。例如，玉鸟衔花佩便是单独佩戴的，而非组玉。该玉佩采用写实与图案化手法结合的方式雕琢成型，花鸟纹尚未受唐后期程式化的团花纹、卷草纹的影响，形体自由灵动，充满活力，高度概括凝练的鸟尾与细密繁复的鸟翅膀纹饰形成疏密对比，鸟衔花佩的构图和比例堪称完美，花叶与卷草与鸟儿流线型的身体相得益彰，鸟衔花的形态应该是鸟衔绶带纹的雏形或发端（图5-45）。

图5-44　刘智墓出土的组玉佩（李晓月手绘）

图5-45　玉鸟衔花佩（北京故宫博物院藏，任栩鸾手绘）

（二）腰带

腰带，包括带钩、带扣、蹀躞带等。

在唐代，腰带也是很重要的首饰，男女皆可佩戴，女性佩戴腰带与女着男装的盛行息息相关，并且根据不同的等级佩戴用不同材质制作的腰带。腰带为皮革面，在革带连接处还有扣。《新唐书·车服志》载："革带，以白皮为之，以属佩、绶、印章。"[1]

腰带一般分为前后两部分，一部分钻有圆孔，用来穿插扣针，两端用金银作为装饰，名为"铊尾"。铊尾起初是起保护皮带头的作用，可从扣中穿过，

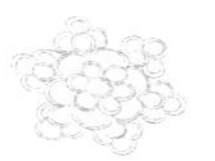

[1] 欧阳修，宋祁，等. 新唐书：卷二十四［M］. 北京：中华书局，1975：520.

后来将铊尾用链子悬挂于带的左方，其实用功能演变为腰带带头具有政治寓意的装饰物。《新唐书·车服志》载："腰带者，搢垂头于下，名曰铊尾，取顺下之义。一品、二品銙以金，六品以上以犀，九品以上以银，庶人以铁。"❶铊尾朝下是一种礼制，表示尊重与臣服。銙位于腰后，其形状有方圆几何形，还有花卉形等，并且材质级别和銙数多寡成为社会等级差异的标志。根据腰带制作的材料进行命名，如金腰带、玉腰带等。

玉带是由战国时一种叫蹀躞带的饰物发展而来的，玉带銙发展至唐代成为朝廷官员的专用之物并且有了严格的规定，以玉銙的多少、质地和纹饰来区分等级尊卑。从唐高祖《武德令》开始，便规定了腰带的礼制，自天子以至诸侯，王、公、卿、相，三品以上才容许佩戴玉腰带。最有特点也最华丽的玉带銙当属陕西长安窦皦墓出土的玉梁金筐真珠宝钿带了。这条玉带銙用上乘的白玉制成边框，中间镶上筐型金片，金片上又焊接花和叶子的轮廓，在轮廓中间镶嵌宝石，空白处又镶嵌有小金珠，造型繁复、纹饰精美华丽，令后人赞叹。除了玉梁金筐真珠宝钿带，西安何家村出土的九环蹀躞玉带銙、斑玉带銙、有孔玉带銙、骨咄玉带銙都体现出唐代玉带銙使用之广泛以及严格（图5-46）。

图5-46 何家村出土的九环蹀躞玉带銙（陕西历史博物馆藏，李晓月手绘）

从存世绘画《虢国夫人游春图》的人物中，也可以清楚地看到腰束有"七事"的蹀躞带。七件饰物分别为算袋、刀子、砺石、契苾真、哕厥、针筒、火石袋。

（三）鱼袋

唐代贵族、官员身上除了佩戴鱼袋外，还有盛放印绶的"绶带"，盛放笏板的"笏囊"、蹀躞七事等。在唐代韦顼墓壁画中以及唐代石刻《凌烟阁功臣图》中皆有手持笏板、佩鱼袋的男子形象（图5-47）。鱼袋中装有三寸长紫金（紫铜）鱼符，上有官名。如崔铉撰文、柳公权书《神策军碑》记载："翰林学士承旨朝议郎守尚书司封郎中知制诰上柱国赐紫金鱼袋臣崔铉奉敕撰，正议大夫守右散骑常侍充集贤殿学士判院事上柱国河东县开国伯食邑七百户赐紫金鱼袋臣柳公权奉敕书。"❷

《新唐书·车服志》载："随身鱼符者，以明贵贱……皇太子以玉契召，勘合乃赴。亲王以金，庶官以铜……高宗给五品以上随身鱼银袋……三品以上饰以金，四品以银，五品以铜……郡王、嗣王亦佩金鱼袋。"❸佩鱼袋首先是勘合的功能，即一种身份的体现；其次才是首饰的装饰功能。

---

❶ 欧阳修，宋祁，等. 新唐书：卷二十四[M]. 北京：中华书局，1975：527.

❷ 柳公权. 神策军碑[M]. 杭州：西泠印社，1998：1.

❸ 同❶：525-526.

图5-47　石刻《凌烟阁功臣图》（李晓月手绘）

（四）香囊

香囊，也被称为香袋、香包。香囊是唐代男女随身携带的饰物，既可驱虫除秽，又可随时散发香气。一般佩在腰际，也可以纳入袖中收藏。入寝时则悬挂于帐中。香囊除了作为佩饰、熏香等功能外，它还是青年男女的定情信物，唐代孙光宪《遐方怨》词："红绶带，锦香囊，为表花前意，殷勤赠玉郎。"

制作香囊的材料有玉、金、银、水晶和丝织品。形态分为几何形（圆形、方形、椭圆形、方胜形、盘缠形等）、植物形（石榴形、葫芦形、桃形等）等，在各式香囊种类中最具特色的是金银香囊。

根据目前公开的出土资料统计，存世的唐代金银香囊共有13件，其中以法门寺地宫出土的鎏金双蛾团花纹镂空银香囊和鎏金瑞鸟纹银香囊（图5-48）最为精美。金银香囊由上下两半球的囊盖用子母扣扣合而成，内外分三层，最外层为囊盖，中间是起调节作用的两个平衡环，最里层是盛放香料的小盂。金银香囊除熏香之外，还可以拿在手上把玩、暖手、熏被等。

金银香囊与装香料的荷包不同，金银香囊中的香料是可以燃烧的，而荷包中的香料为固体块状，荷包多为软质材料一针一线绣织而成。金银香囊结合了熏香炉燃烧香料和荷包佩戴的功能，成为唐代熏香的一种独特方式。

图5-48　鎏金瑞鸟纹银香囊（孙雨薇手绘）

八、脚饰

脚饰，主要有脚镯、脚链，铃铛等。传说杨玉环丰腴，走路时声音大，因此发明了脚链小铃铛遮声。另外，孩童使用脚铃铛主要起到离开父母视线时声音的警示作用。目前出土的脚饰实物数量较少，但从敦煌莫高窟等石窟壁画上能窥见一斑。今天人们佩戴的脚饰形制与唐代的几乎没有太大区别，多为圆圈几何形态，下坠饰铃铛或者直接是素圈，复杂一些的会在素圈上錾刻纹样或文字等，但形制变化不如其他类别的饰品，加之缺乏实物佐证，其研究难度较大（图5-49）。

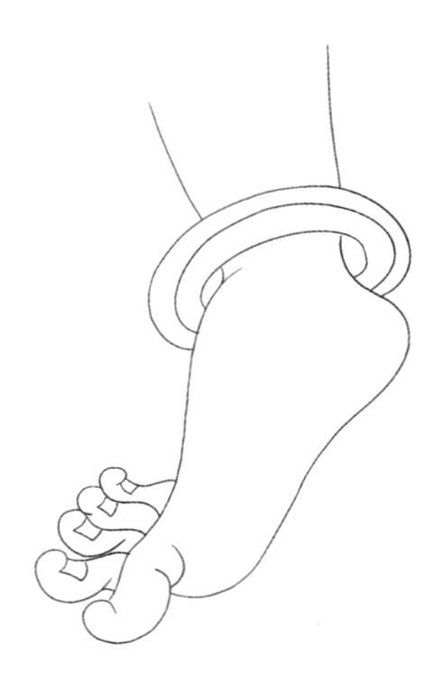

图5-49　脚镯（侯嫒笛手绘）

第三节　唐代首饰纹样

唐代首饰的纹样种类繁多，前期纹样主要以忍冬纹、折枝花鸟纹为主体，也有各种动物纹饰，同时以联珠纹为代表的、受外来文化影响的纹饰也非常流行。安史之乱后的首饰纹样变化较大，团花、缠枝花、花鸟图案成为主流。外来纹饰也渐渐与本土的花鸟纹饰相融合，逐渐成为东方文化的范式。

一、唐代首饰纹样类别

唐代首饰纹样分为人物纹、动物纹、植物纹、几何纹样等。在首饰上的装饰手法主要是在金属上用錾子錾刻或在玉器上用砣琢出细密阴线，如同雕刻印章的阴刻手法来刻凿出各类纹样。

（一）人物纹

唐代首饰中出现了各类人物形象，由于受到佛教文化的影响，玉飞天、玉佛像等玉器配饰挂件上的纹样和器物的轮廓形态也十分有特点，手工艺人采用短阴刻线和繁密的细线来进行人物衣褶、飞天的飘带、花卉叶脉等形态的塑造，在这诸多形态的雕琢之中，神性的气韵渐趋淡薄，艺术题材更多是对现实生活的折射和描绘，即便是佛教题材的人物形态也趋向写实。例如，北京故宫博物院藏的用青玉雕刻而成的“飞天坠饰”（图5-50），坠饰长7.1厘米、宽3.9厘米、厚0.7厘米、其人物形象为身着长裙、肩披飘带、手持仙花的散花仙女，飘逸灵动。玉坠整体呈“C”字形，凸显出人物柔软轻盈的曼妙身姿，世俗化的生活气息扑面而来，礼佛的肃穆庄重之感退居其次。

1977年在江苏省宜兴市出土，现藏于镇江博物馆的“人兽纹银簪”（图5-51）上錾刻有光头、露脐、着靴人物纹样，该纹饰已经脱离了传统神性纹饰的特征。人物形象憨态可掬，甚至有些滑稽，与法门寺出土的佛舍利金银棺椁上錾刻的菩萨、力士形态在人物造型的严肃性、神圣性上有非常大的差异，这也从另一个角度说明，唐代首饰渐趋世俗化、生活化。

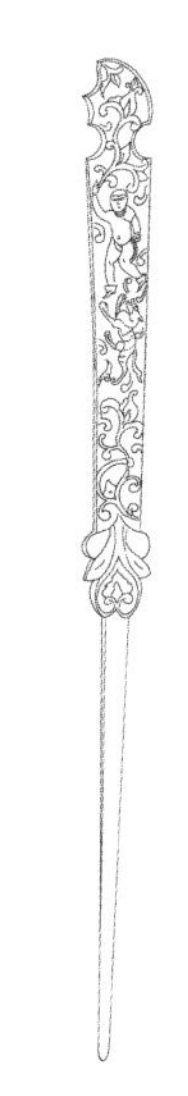

图5-50　飞天坠饰（北京故宫博物院藏，李晓月手绘）　图5-51　人兽纹银簪（侯媛笛手绘）

（二）动物纹

在唐代，首饰中出现的动物纹样种类繁多，如凤鸟纹、龙凤纹、鸿雁纹、走狮纹、虎头纹、鹦鹉纹、蛾纹、蝴蝶纹、摩羯纹、金蝉纹等。

例如，西安何家村出土的现藏于陕西历史博物馆的采用白玉材料雕琢而成的狮纹白玉带板（图5-52），分别由方銙、扣柄、铊尾、玉带扣等16个部件组成（大銙长5厘米、宽3.8厘米、厚1厘米，方銙长3.8厘米、宽3.6厘米、厚0.6厘米）。除了带扣之外的15块玉板上都用砣具碾琢出侧卧、俯卧、蹲卧、仰头、低头和行走等各种姿态的狮子形象，其中6对（12枚）方銙的造型由两两方向相反、形态相同的狮纹组成。同期出土的还有两对鎏金包铜嵌白玉镯，镯身以金合页将三段弧形玉连接而成，3组金合页上面都錾刻有龇牙咧嘴的虎头纹，形象十分凶猛。

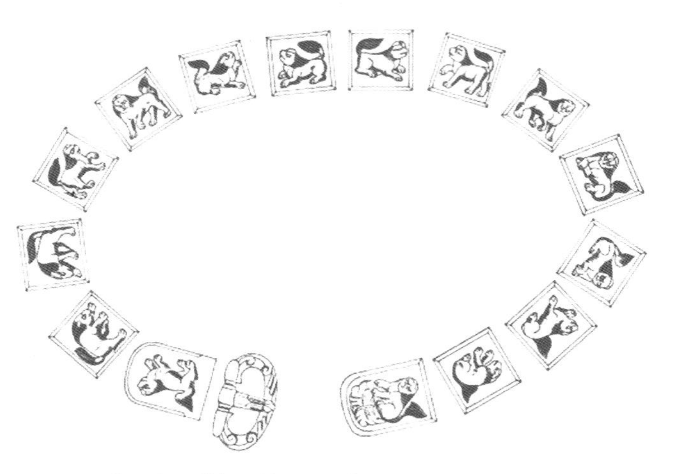

图5-52　狮纹白玉带板（简雪云手绘）

现藏于陕西历史博物馆的鎏金刻花摩羯荷叶纹银钗（参见图5-8），钗托作花叶状，钗面镂空錾刻浮游于荷叶之上的鱼形兽纹，此鱼形兽即为摩羯。摩羯纹是受到佛教文化的影响，由印度神话中的一种长鼻、利齿、鱼身的动物与本土龙首、鲤鱼身的纹样融合变化而成。摩羯荷叶纹银钗采用镂空、錾刻等工艺制作而成，摩羯浮游于荷叶之上，富有意趣，此外代表性的还有蔓草蝴蝶纹银钗、花鸟纹银钗等。

（三）植物纹

唐代女子首饰中使用的植物纹样十分广泛，其中多为花卉形状，以牡丹花、海棠花、梅花、荷花、菊花等花卉进行抽象变形为主。花卉图案丰富多变、非常完整，花蕾、花叶、花茎一应俱全，最为典型的是卷草纹，也称之为缠枝花纹。在唐代的许多玉器上植物纹样既是装饰纹样，同时也是器物的轮廓形态。在我国绘画发展史上，直到宋元之后才有了独立的花鸟科，也就是说在器物的纹样装饰上，植物纹样独立发展早于绘画。

现藏于陕西历史博物馆的用蚌壳制作而成的唐代蚌梳背（图5-53）上面就刻有花卉形状的纹样，同时发现的还有玉梳背。蚌梳背的造型与玉梳背相似，上部弧形、下部平直、浅浮雕，一面折枝花卉纹，一面枝叶鸭子纹。

在法门寺出土的8件首饰中主要装饰纹样为莲瓣纹、云纹、团花纹、缠枝纹、飞蜂纹、鸿雁纹及几何纹。其中缠枝纹在臂钏和香囊中都分别出现，其主体特征一般都以弯曲的主干配以茎、蔓、叶、花、实。主干随意变化，茎、蔓、叶、花、实等却不一定同时具备。缠枝纹流行于整个唐代，且极富变化，其茎、蔓、叶、花、实的有无及其特点，为区别不同的样式提供了条件。齐东方先生将缠枝纹分为四式："Ⅰ式缠枝纹以枝蔓为主，茎、花、实随意变化。Ⅱ式缠枝纹在Ⅰ式基础上出现少量明显的小叶，但叶常常淹没于枝、蔓、茎、花、实之间，不易辨认。蔓、茎部分变为小叶，每叶一般为两三瓣，有的为多层。这些小叶片的形态虽然接近于忍冬纹的叶片，但更为自由随意，不像忍冬纹那样单调呆板。Ⅲ式缠枝纹枝、蔓、茎减少或改变了原有的形态，带阔叶大花。Ⅲ式的重点特征是以肥大的叶或花取代部分蔓、茎。Ⅳ式缠枝纹的蔓、茎、花、实发生较大的变化，主枝两边对称的外卷蔓更加随意。"[1]缠枝纹无论细部如何变化，总体特征是一致的。法门寺出土金银首饰上的缠枝纹都属于Ⅰ式，在臂钏上的缠枝纹装饰于器物表面，以二方连续的形式出现作为主题纹样。而在鎏金双蛾团花纹镂空银香囊（图5-54）上的缠枝纹则装饰在半球的口沿，作为边饰使用，装饰性很强。其装饰纹样与装饰手法的相似性也从一个侧面反映出与法门寺出土的这批金银首饰为同一时期的作品。

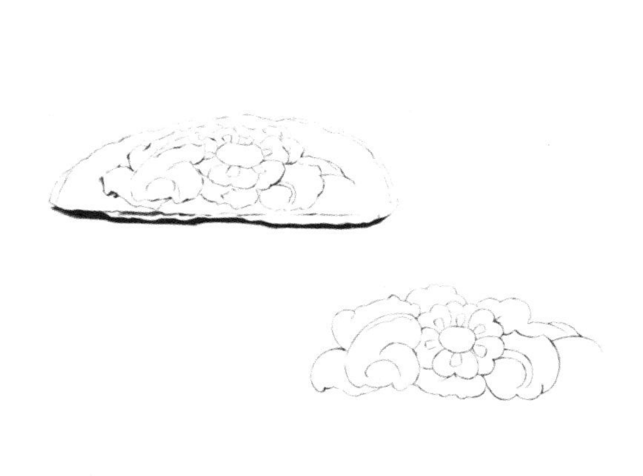

图5-53　蚌梳背（陕西历史博物馆藏，简雪云手绘）

图5-54　鎏金双蛾团花纹镂空银香囊（孙雨薇手绘）

（四）几何纹

唐代首饰几何纹主要有直条纹、横条纹、格纹、波折纹、联珠纹、鱼子纹（珍珠纹）、菱格纹、龟甲纹、双距纹、方棋纹、双胜纹、盘绦纹、如意纹、弦纹、云雷纹等。

在唐代几何纹中，联珠纹应用最为广泛。联珠纹又称连珠纹、连珠、圈带纹，是中国传统纹样中的一种几何形纹饰，是由一串彼此相连的圆形或球形组成，呈一字形、圆圈形、圆弧形或S形排列，有的圆圈中有小点，有的则没

[1] 齐东方. 唐代金银器研究[M]. 北京：中国社会科学出版社，1999：133-138.

有。联珠纹是波斯萨珊王朝时期典型的纹样之一，在萨珊风格织物中，以对兽或对鸟图案母题为主，同时以各种圆或椭圆的联珠作为图案的边饰。联珠纹图案于5～7世纪间沿丝绸之路从西亚、中亚传入我国（该观念在学术界也有一定争论），但在这一时期基本是作为器物的边饰，联珠纹在唐锦中出现的频率和数量远远多于首饰，这从另一个侧面说明，联珠纹在唐代十分兴盛。

典型案例如敦煌莫高窟第220窟捧香饭菩萨（参见图5-35）以及第113窟观无量寿经变（图5-55）。捧香饭菩萨图中的菩萨跪于莲花上，抬头仰视前方，双手捧钵，装满香饭，眉目传神，姿态优美。其所佩戴的头饰、腰带上有几何纹样装饰，颈饰上有联珠纹装饰。观无量寿经变图中共有十二尊菩萨，众菩萨形态神情迥异，相貌端庄秀美，人物众多，布局合理，色彩青、绿、红交错，是一幅密体风格的壁画。此菩萨的头饰有几何的线条感，颈饰的纹样为几何“格”纹。

目前出土的首饰中使用几何纹装饰的，则以何家村出土的金梳背（参见图5-18）为代表，梳背顶端用细如发丝的金丝掐编成抱合式卷草纹样焊接其上，起到了装饰连接的作用，下沿的边饰以金丝掐编并附以细密的金珠焊缀，金梳轮廓骨架的纹饰就是典型的几何纹样，同时在骨骼框架内焊饰卷草纹样。

鎏金透雕卷花蛾纹银梳（图5-56）上的主体纹样为卷花飞蛾纹，而梳子的横梁和竖齿外框由几何形波折纹和漩涡纹组成。

唐代首饰纹样在同一件器物上往往是由几种纹样共同组成，如人物纹和几何纹、动物纹、植物纹的搭配，也有少量器物单独使用某种纹样的。

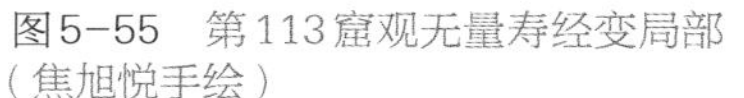

图5-55　第113窟观无量寿经变局部（焦旭悦手绘）

图5-56　鎏金透雕卷花蛾纹银梳（焦旭悦手绘）

二、典型器物纹样分析

（一）香囊

从目前存世的13件香囊来看，器形基本一致，纹样的搭配方式也非常近似，都采用了动物纹（飞鸟纹、飞蛾纹等）与植物纹作为主体纹样，鱼子纹衬底，在这十几件香囊中，只有法门寺的两件香囊——鎏金双蛾团花纹镂空银香囊（参见图5-54）和鎏金瑞鸟纹银香囊（参见图5-48）为满饰。以陕西西安沙坡村出土的鎏金团花飞鸟纹银香囊来说，在器形直径只有4.8厘米大小的球体表面，上下两层都錾刻有不同形态的鸟形纹样，鸟的轮廓形态以严谨的写实手法錾刻而成，线条干净利落，没有丝毫犹豫，以稳、准的造型手法刻画描绘上下鸟形都做同一飞翔方向，呈上下呼应之势，同时为了避免图形的呆滞，上下图形中的植物纹样也呈现出不同的形态，疏密穿插变化。以统一的鎏金及整体的椭圆外轮廓将这一丰富多样的图形统一起来，在画面中飞鸟飞行的方向、色彩是统一的，而上下鸟形的不同、背景植物形纹样的差异，使得整体图案既统一，又富于变化，在香囊中起到画龙点睛的作用。

法门寺鎏金双蛾团花纹镂空银香囊通体錾饰卷草纹并鎏金，上下口缘均錾一周二方连续的蔓草，周身满饰花叶，其间上下等距离各饰六簇团花，除顶部和底部团花外，其余团花内均錾出双蛾团花纹。法门寺鎏金瑞鸟纹银香囊外壁散点分布三个圆形，内錾四只鸿雁纹，上下半球装饰纹样连接成完整的整体，严丝合缝，只是在沿口部分没有进行镂空工艺处理。

（二）鎏金蔓草蝴蝶纹银钗

鎏金蔓草蝴蝶纹银钗（图5-57）是蝴蝶纹样与蔓草纹样的组合，蝴蝶恋花纹样在造型、结构、工艺等方面有着极高的形式美感，符合唐代人的视觉审美诉求，这种纹样组合具有吉祥、美好的寓意，折射出唐人的审美趣味和对吉祥祈福的关注。器物纹样装饰摆脱了传统的束缚，以一种极为世俗化、生活化的题材进行创作，摆脱了宗教、政治等主题性创作题材的约束，世俗化、大众化和多样化的艺术题材纷纷涌现。

图5-57　鎏金蔓草蝴蝶纹银钗（陕西历史博物馆藏，刘玮瑶手绘）

总之，唐代首饰装饰纹样基本涵盖了唐代出现并流行的各种纹样，种类繁多。前期以华丽富贵为典型特征，而后期纹样渐趋世俗化、生活化。许多纹样采用线刻方式刻画在器物表面，还有一类器物以圆雕的方式塑造，纹样与器型浑然一体。

第四节　唐代首饰制作材料与工艺

一、唐代首饰材料概述

不同的材料有其不同的制作工艺，“材料以自己不同的品质区别于异类显示着自己的个性，工艺在一定意义上就是展现材料个性的艺术。使人充分地去感受那种来自材质本身的自然之美。质的感受性，这种感受性有时成为一种习惯性、表现为一种敏感性，与人的日常经验和联想结合在一起，从而成为美感的一部分。”[1]

在唐代，制作首饰的材料不同的阶层都有与之相应的规定。贵族佩戴的首饰用料珍贵，制作工艺水准高，款式形态多样，因此具有极高的艺术价值。平民百姓佩戴的首饰也具有十分宝贵的研究价值。首饰制作材料主要包括：金、玉、银、铜、各色宝石、珍珠、琉璃、陶瓷、骨、竹、木、荆、皮、翠羽、玳瑁、螺钿、珊瑚、玛瑙、象牙、牛角、水晶、琥珀、蜜蜡、布帛等。例如，贵族使用的笄和簪多用金玉、宝石、珍珠、象牙、玳瑁等材料，而平民百姓依据其当时所处的社会等级制度之规定，则多佩戴兽骨、木制、竹制、布帛等价格低廉、款式简单的首饰，且由于材料容易朽烂，不易保存，导致了研究困难，但所幸从敦煌莫高窟为代表的唐代遗存下来的形象资料中，能够得到一部分唐代平民百姓佩戴首饰的资料。

二、唐代金、银、铜首饰制作工艺

20世纪的三次重要考古发现分别是：1970年陕西西安市何家村窖藏，1982年江苏丹徒丁卯桥窖藏（其中钗类多达760件），1987年陕西扶风县法门寺地宫窖藏，这三处考古出土的资料加上李静训墓、李倕墓、窦皦墓等墓葬出土的首饰，为我们研究唐代首饰提供了重要的实物资料。出土首饰种类繁多，几乎囊括唐代首饰的大多数类别，同时这些实物与绘画、墓室石刻等能相互佐证。通过分析大量的出土首饰可以断言，在唐代从事首饰制作加工的工匠人数众多，且技艺高超。

对唐代首饰制作工艺的研究，需根据传承至今的金银工艺、考古发掘的实物以及零散分布于各种文献中所提及的制作工艺来分析唐代所出现的工艺种类，并以今天人们通行的命名方式来进行总结研究。例如，法门寺地宫出土的《应从重真寺随真身供养道具及恩赐金银器物宝函等并新恩赐到金银宝器衣物帐碑》（简称《法门寺衣物帐碑》，874年镌刻）记载：“第一重真金小塔子一枚，并底衬共三段，内有银柱子一枚；第二重石函一枚，金框宝钿真珠装；第三重真金函一枚，金框宝钿真珠装”，在这里多次出现的金框宝钿真珠装就是在唐代十分常用的一种工艺方式，用贵重金属制作底托，镶嵌珍珠、宝石，近似于

[1] 李砚祖. 工艺美术概论［M］. 济南：山东教育出版社，2002：79.

今天的包镶工艺。

从现有的实物和记录看，唐代的金、银、铜饰器制作工艺包括范铸、錾刻、捶揲（打作）、鎏金（镀金）、花丝（掐丝、编垒）、炸珠（坠珠）、焊接、镂空、铆接、镶嵌、模冲、抛光、打磨、贴金箔、错金银、金银平脱等。

（一）铸造

首饰铸造工艺主要分为范铸法和失蜡法。

范铸法，又称模范法，模范一词就是从此衍生而来，最早是用于青铜器铸造。范铸工艺分为如下几步：首先为塑模，用泥土塑造出器物的形状；其次是用细泥翻内外范，内外范也称阴模、阳模，用子母扣固定内外范，使其成为母模，然后在通风处阴干；再次是将阴干的母模烧制成陶范，接下来就是熔炼金、银、铜等金属，使其熔化后将金属溶液注入到陶范里，阴模、阳模之间的距离就是器物的厚度，注入之前要设置好范的注入口和出气口，以免范内有空气，使器物上留有气泡；最后是等金属溶液自然冷却凝固脱范，取出所铸器物。在此过程之中不能使用冷水激范，以免范炸裂导致铸造失败。范铸可一次性铸成，也可分体铸造。

失蜡法，也称熔模铸造，是晚于范铸法但比其更精密的铸造方法。我国能见到的关于失蜡法最早的记载是南宋赵希鹄撰写的《洞天清禄集》，较为翔实地记述了具体制作工艺流程。失蜡工艺分为如下几步：首先采用黄蜡（黄蜡为蜂蜡、石蜡和松香用植物油调制而成）雕刻出器物形态，今天更多的是采用更为密实的绿蜡；其次用细泥浆裹住黄蜡，成为整体铸型，今天则是采用精铸石膏将蜡树裹在钢盅里，如果是体量较大的铸件则需要用翻砂模具，砂模很难翻出精细的细节，因此一般不用于首饰铸造当中；再次阴干细泥浆或石膏模具；接下来慢速加热模具将蜡化去，形成空腔铸范，然后继续用高温烧制模具，使其成为坚硬的外范；最后通过注入口注入金属溶液，冷却成型。

无论是范铸法还是失蜡法，在做范之前，都需要设计好注入口和出气口，以免空气堵塞，金属溶液无法顺畅的流入范内，导致出现气泡、不完整等现象。

今天失蜡法铸造工艺依然是制作精密仪器和首饰的重要工艺，所不同的是蜡模由传统的手工雕刻成型逐步被3D打印技术所取代。

典型案例为唐赤金走龙：何家村窖藏出土，高2.1~2.7厘米、长4.1~4.3厘米。出土时共有小金龙12条，但今天存世的只有6条。金龙采用分体铸造的方式，龙身为一个整体，而龙的两只触角分体制作而成，可以活动（图5-58）。

图5-58　何家村出土的唐赤金走龙（陕西历史博物馆藏，李晓月手绘）

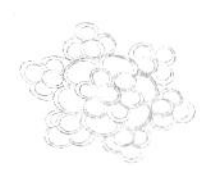

（二）捶揲（打作）

唐代出土金银饰器上铭刻“打作”的工艺，即为捶揲工艺。所谓捶揲法是利用金银质地较软、延展性强的特点，采用反复捶击的方法，使之延伸展开成片状。捶揲工艺制作而成的器物相对于铸造器物而言，耗材少且更结实耐用，但捶揲工艺耗时较铸造工艺长，需一件一件制作，铸造工艺可以通过模具多次复制。对于无须考虑成本的贵族阶层而言，更青睐捶揲工艺制作出来的金银器及金银首饰。唐代金银花钗的主体就是捶揲成形的。捶揲器物形制或纹样时，当器形或纹样大体成形后，进行细节刻画时需要衬以软硬适度有伸缩性的底衬，在捶击金银板片时底衬会随之变形，以达到成型的目的。这种底衬在古代是用松香加细土或细灰及少量油熬制而成的一种胶泥。将熬制好的胶泥浇注在金银板材的背面，起到支撑填充材料的作用。

（三）錾刻

錾刻工艺，是使用锤子敲打錾子錾出花纹图案的制作工艺。每次錾刻纹样之前，都需要将金银板退一次火（退火的目的是使金银板的金银元素分子之间的距离变大，在錾刻或捶揲的过程中经过挤压，金银元素分子的间距会变小，使金银板变硬，而过硬的金银板在錾刻或捶揲过程中容易折断或开裂，因此应及时退火）。錾刻工艺分为錾花与刻花工艺，錾花工艺是依靠錾子将金银捶揲、挤压成形，制作錾花的錾子需是倒角的平口錾；而刻花的錾子则是锋利的尖口，刻花工艺如同刻制印章的阴刻工艺，就是在金银表面剔出一道道阴线，制作图形或纹样。

錾刻工艺使器物表面产生出丰富多彩的艺术效果，錾刻与捶揲工艺不仅仅是一种成形的加工工艺，同时它也是器形的装饰工艺手法。在唐代捶揲与錾刻工艺相生相伴而使用，只采用捶揲工艺制作而成的素胎器物很少见。錾刻和捶揲工艺是唐代金银器及金银首饰制作工艺中最为典型的形式，也正是这两种工艺形式的成熟，使得金银器及金银首饰制作工艺与青铜器制作工艺区别开来，形成独特的工艺门类。

以唐代金银香囊为例，香囊囊壳捶揲成形，然后錾刻、镂空出纹样，动物的神态惟妙惟肖，精神饱满，不呆板僵滞。动物多为运动状态，或振翅高飞，或回头探视，很少静止不动。往往动物静止状态要比运动状态更易于刻画，动作越大越难以准确表达，因为在运动状态下的肢体语言变化多样，从而加大了金银香囊制作的难度。无论是几何化的鱼子纹、卷草纹、莲瓣纹还是云纹，錾工錾刻的每一条线都如行云流水般优美生动，锤錾的打落如同运用画笔，挥洒自如。

錾刻、捶揲工艺是本土工艺还是外来传承，诸多学者认为，金从西方来，其核心意思便是指金银的制作工艺学自西方。而在我国三星堆、金沙遗址出现的相对成熟的錾刻、捶揲工艺到唐代已达到巅峰，唐代金银器将工艺与艺术完美结合，前无古人、后无来者。齐东方先生在《唐代金银器研究》一书中说：“西方盛行的捶揲技术也被唐代工匠全面掌握，不仅器物形态捶揲制成，器表又捶出凸凹变化的纹样轮廓，再錾刻细部纹样。”[1]

但从三星堆二号祭祀坑出土的19件金箔鱼形饰来看，大号金箔鱼形饰共有5件，器身上錾刻有精细的叶脉纹和刺点纹（图5-59）。同期出土的三星堆金杖长143厘米，其中46厘米錾刻有图案，主要有微笑的人物、对鸟、对鱼，同时鸟和鱼的颈部各叠压一支箭翎（图5-60）。图形不可谓不精美，錾刻工艺也较为成熟，至少可以说此时手艺人已较为娴熟地掌握了錾刻、捶揲技术，尽管不如唐代高度发达、形式多样。我国的錾刻、捶揲工艺有自身的传承体系，在唐代受外来文化的影响，錾刻和捶揲工艺迅速发展，达到巅峰，影响巨大。

图5-59　金箔鱼形饰（三星堆二号祭祀坑出土，刘雅宁手绘）

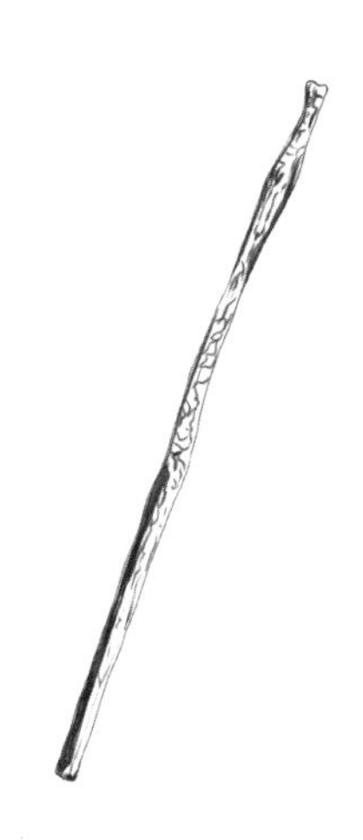

图5-60　三星堆金杖（三星堆一号祭祀坑出土，刘雅宁手绘）

从錾刻与捶揲工艺对后世的影响来说，直到今天这两种工艺仍是制作金银器的重要技法。在唐代金银器中，錾刻与捶揲的技术性与艺术性达到了高度的统一，其精湛的工艺技术与工匠的艺术理想高度和谐。

（四）镂空

镂空，就是錾刻掉设计中不需要的部分，形成透空的纹样，因此也称之为透雕工艺。镂空的面积较大时，通常是将图形画在片材上之后选一个角度打眼，将锼弓锯条穿入眼内，将片材固定在锉活板圆孔内，用左手按住片材，右手拉锼锯条，沿画线锼出花纹，用小锉将拐角及锯齿处锉匀，使线条美观，不出齿和刺。

镂空工艺是一种用于制作纹样的工艺形式，且本身同时具有装饰性。其在唐代出土的金银器中使用也较频繁。以法门寺地宫出土的鎏金双蛾团花纹镂空银香囊和鎏金瑞鸟纹银香囊为例，因为其用途为熏香，需要通过镂空将香气散发出去。在制作过程中，第一步：分上下两个半球捶揲成形；第二步：依据设计的花纹稿样，将不需要的部分采用镂空技术将其去掉，镂空的部分自然就成为透气孔；第三步：用錾阳形与刻阴线相结合的手法，在镂空后的球体上錾刻

[1] 齐东方. 唐代金银器研究［M］. 北京：中国社会科学出版社，1999：3.

出动物和植物纹样，造型上采用浅浮雕的制作手法，线条流畅，飞蛾与瑞鸟的神态生动优美，极富感染力；第四步：将内外三层同心机环铆接在一起，这样香囊无论怎样转动，其内部的香灰也不致撒落。法门寺除银香囊采用了这种工艺手法，同期出土的银茶笼子的制作也采用了镂空技术。银茶笼子主要是用于储存茶饼，镂空部分可以起到透气风干的作用，不使茶饼发生霉变。香囊与银笼采用镂空技术，主要是出自实用功能的需要，同时镂空花纹还可以起到装饰作用，使器物的实用与审美融合为一体。

就装饰艺术形式而言，镂空部分与实体部分形成一种虚实对比，犹如国画、书法中的“计白当墨，计墨当白”的虚实审美观。这以金银花钗镂空的钗头部分为代表，镂空时金银板材难以固定，而镂空部分又较多，只留下花卉的茎脉部分。以西安何家村出土的鎏金蔓草蝴蝶纹银钗为例（参见图5-57）。

银钗全长35.5厘米，整体体量对于实用首饰而言已经较为巨大，钗头部分宽约5.6厘米、长14.7厘米，最为精妙的是其上镂空而成的蝴蝶纹，如同剪纸一般细微的线条刻画出蝴蝶的双翅，每一根线条都十分精巧、流畅，蝴蝶的形态栩栩如生、展翅欲飞。镂空形态的边缘轮廓与花纹的錾刻线衔接的天衣无缝，整体形态气韵生动。这就要求工匠能够准确抓住物象的神韵，对形态的认知和捕捉能力有极高的要求，技术娴熟，且能够稳、准地将其表达出来。根据花钗成双成对的特点，在錾刻镂空之前，手工艺者应先绘制出粉本，通过粉本进行形态的复制，从而使钗头两两纹样基本相同。蝴蝶蝶尾的镂空部分极细，被镂空部分最细处如发丝，犹如剪刀在纸上剪刻出来的一般。这就需要将花钗固定在胶版上，用锋利的刻刀直接錾刻出来，剔除多余的部分，就像漆或陶瓷中的剔花工艺，这也是为什么说镂空工艺是錾刻工艺的一种特殊形式的原因。

目前出土的金银花钗主要制作工艺都基本一致，花钗整体形态捶揲成型，通体鎏金，纹样采用錾刻和镂空工艺，在发钗体量较大的钗头部分镂刻出花纹，花钗钗头上植物纹样的茎脉统一镂空制作而成，而纹样主体部分——花头、动物纹则采用錾刻工艺制作成形。

从鎏金蔓草蝴蝶纹银钗的器形、纹样可以窥见唐代金银制作工艺的高妙。高超的制作工艺将花钗制作得如入化境，技术与艺术高度统一，技术完美地将艺术性表达出来。花钗的形态、纹样反过来也承载了精湛的制作工艺，使得花钗的实用与审美完美结合。

唐代金银花钗的器形、纹样的审美特征背后，折射出的是精良的制作工艺，更是开放的唐代社会精神面貌、思想观念、宗教信仰等社会文化。唐代金银花钗的装饰纹样摆脱了传统宗教纹样的束缚，走向大众化、多样化和世俗化，动物、植物纹样种类繁多，且以一种写实的手法通过錾刻、镂空等工艺呈现出来，花钗的佩戴成为一种现实生活的需求与审美的展现。

（五）鎏金

鎏金工艺，是春秋战国时兴起的一种金属加工新工艺。为了满足人们对黄金的渴望，鎏金工艺成为一种智慧的工艺方法。鎏金工艺在唐代也十分盛行，它同样与这个时代的人们追求华丽、富丽堂皇的时代审美息息相关。它在视觉上满足了人们对黄金制品的内心渴望，但在材料的成本上大大的小于纯金制品，而局部鎏金更提高了金银首饰的艺术价值。由于只在器物纹样部分鎏金，产生出金黄、银白交相辉映的艺术效果，既有变化又十分统一，对比而不失调和，使金银首饰在艺术形式上更加丰富多样。

鎏金工艺的操作过程：把金箔（金片）剪成碎片，装入坩埚（用耐火材料制成的一种熔炼金银等金属的容器）里，在火上加热，温度至600摄氏度，然后按黄金与水银1：7的比例，在黄金中加入水银，使金箔熔解为液体，然后浸入冷水盆中，金箔与水银的混合液体在冷水中下沉，成为泥状固体（又称“金泥”）。然后在盛有金泥的容器中倒入适量硝酸，用刀先沾硝酸，再剜金泥反复涂于所需鎏金的器物表面。涂抹均匀后用温水冲洗掉硝酸，再烘烤器物，并用水晶或玛瑙反复研磨涂金的器表，使金泥中的水银挥发掉，鎏金遂成。鎏金有整体鎏金，也有局部鎏金。鎏金必须用汞，对人体害处较大。

（六）花丝工艺

花丝工艺，指用各种不同型号（粗细）的金、银、铜素丝编、织、堆、垒、掐、搓等手法，依照设计好的图案、纹样、器型制作成首饰与器物的工艺。掐，是花丝工艺的基础技法，就是用镊子把金、银、铜素丝掐制成各种形态；编、垒，是用金、银、铜素丝编织、堆垒成一定形状的器物，呈镂空状，唐代称为金银结条之法。花丝工艺制成的器物相较于铸造而成的要轻很多。花丝工艺既可以制作平面化的图案、纹样，也可以编垒成立体雕塑式的器物，抑或由多个单独纹样经过堆垒焊接形成半立体的浮雕作品。在唐代花丝工艺使用较多，如何家村出土的金梳背、法门寺地宫出土的金银丝结条茶笼子等，但不及明清时期发达。花丝工艺从数量、质量、艺术性、工艺水平等方面在明清时期达到了巅峰。

（七）炸珠

从世界范围而言，“炸珠工艺”最早出现在公元前2560年至公元前2400年的乌尔王陵，后由伊特鲁斯坎人发展为一种成熟的工艺形式，沿用至今。截至目前的考古发掘，我国最早的炸珠工艺制品可以从出土的六处战国时期遗迹来管窥一斑，这些考古发现分别是新疆乌鲁木齐乌拉泊水库墓和阿合奇县库兰萨日乡墓、甘肃张家川马家塬墓、山东临淄商王村一号墓、河北易县辛庄头30号墓五处战国墓葬，以及内蒙古阿鲁柴登一处窖藏。从这六处考古中获得的使用炸珠工艺制成的器物总数量共十来件，类别为耳饰、坠饰、管饰、扇形金饰和金珌等，从出土的形式、分布的区域、首饰的类型以及数量来看，至少在战国时期我国就已出现了较为成熟的炸珠工艺，到西汉时期该工艺形式则大量运用在首饰和器物上，炸珠工艺成为一种成熟的处理表面肌理的手法。

炸珠工艺也称之为焊珠工艺，即用焊接工艺将金珠颗粒固定在黄金器物表面之上，既可以作为金属表面的肌理，也可以焊缀成装饰性图案的工艺形式。其加工方法就是把金银片拉成丝，切成段，然后将重量相等的金属段熔融，再把金液倒入水中，利用金液与水温的巨大差距，使之凝固成自然浑圆的小金珠，通过筛选，正圆金珠可以直接使用，而形状呈椭圆或不规整形态的小金珠

则需要用两块木板碾研，反复搓揉，使其变成正圆形，这种制作方法多用于需大量使用颗粒大小、重量相同金珠的情况。另外一种方法是将金银丝的一端加热，用吹管吹向端点，金银丝受热熔化而垂落下成圆珠，如果只需要单粒金珠则不用吹落，让金珠自然冷却凝结在金银丝的末端备用即可。第三种方法则是把裁剪好的金属碎粒与木炭层交替垒放在坩埚中，用火枪加热使黄金粒熔融形成颗粒，由于受地球引力的作用也能制作出大小、尺寸、重量基本相同的圆形珠粒。还有一种方法是将木炭挖出一个小的凹槽，将黄金碎粒放置于凹槽内，用火枪高温热熔形成金粒，这种方法适合制作少量的金珠。

唐代常将炸珠工艺制成的金珠称为“金粟”，从目前留存下来的实物来看，炸珠制作的金珠通常直径为1毫米左右，但李倕墓冠饰以及何家村出土的器物上的金珠大小在0.1~0.65毫米之间，颗粒更小，工艺要求更为精湛。

金珠制作完成之后，采用虹吸法将金珠依照设计好的图案或纹样焊接在光滑或浮雕金属的表面，器物上的珠粒数量从几粒到数千粒不等，多粒金珠焊接在一起的工艺也称之为缀珠工艺。金珠焊接使用了在金中加入银、铜、锌、铂、镍、锡等元素勾兑而成具有高中低多种熔点的金焊药，其中金、锡合金焊药熔点在450摄氏度以下，为低温焊药；金、铜合金焊药熔点在900摄氏度以上，金、铂合金焊药熔点要高于1000摄氏度，称之为高温焊料。如需多次焊接，第一次焊接时应先使用高温焊药，然后降级使用熔点低一些的焊药，这样能确保开始焊接的珠粒不至于开裂脱落。如果是多粒金珠同时焊接，则要将焊药磨成粉末状，用细筛子整体筛撒在需焊接的部件上，第一次焊接后需用明矾煮洗，以便检查是否还有焊接不牢固的金珠颗粒。今天我们可以看到唐代焊珠制品在珠粒和金银托的连接处有铜绿斑点，这是由于使用了金、铜合金焊药焊接的原因。

目前在全国各地唐代墓葬、窖藏等遗迹中，使用炸珠工艺制作首饰的出土地有：甘肃泾川大云寺遗址、李静训墓、何家村金银器窖藏、法门寺地宫、李倕墓、窦皦墓以及咸阳贺若氏墓等，分布广泛、数量众多，各类首饰上都有使用。

炸珠工艺在唐代首饰制作中的典型案例有：

1. 项链

李静训墓曾出土镶嵌宝石、珍珠的金项饰，该项饰每个镶嵌珍珠的金球都由12个小金环焊接而成，在金环上又焊接有金珠，项坠两侧四边内曲的方形金饰的四边、圆环、对角线都焊接有金珠，是非常典型的由炸珠、焊接与镶嵌等工艺制作而成的首饰精品（参见图5-30）。

2. 金梳背

何家村和贺若氏墓曾出土的半月形（参见图5-18）和梯形金梳背（图5-61），都是在黄金底板上焊接金丝构成纹饰，然后将大量金珠填充在纹样内或焊接在轮廓边缘起装饰作用。何家村出土的金梳背上的花草纹外围焊接的金珠纹饰极其细密，金珠颗粒非常小，使用放大镜才能清晰地看到珠粒。

图5-61　陕西咸阳机场贺若氏墓出土的金梳背（陕西省考古研究院藏，魏思凡手绘）

3. 冠饰

李倕墓出土的冠饰由大约508个零部件组成，在该冠饰的黄金材质表面焊接了直径为1～1.5毫米的金珠进行表面肌理装饰。贺若氏墓出土的一顶冠饰有20余件小型金饰件，表面也采用了炸珠工艺处理。

另外在窦皦墓出土的金镶玉腰带銙（图5-62）的金板上也大量焊缀小金珠作为底纹，如同唐代金属工艺之中衬底的鱼子纹一样，作为主体花卉图案中花蕊和枝叶的底衬，更加凸显了金镶玉腰带銙上镶嵌的各色宝石和珍珠的名贵与奢华。

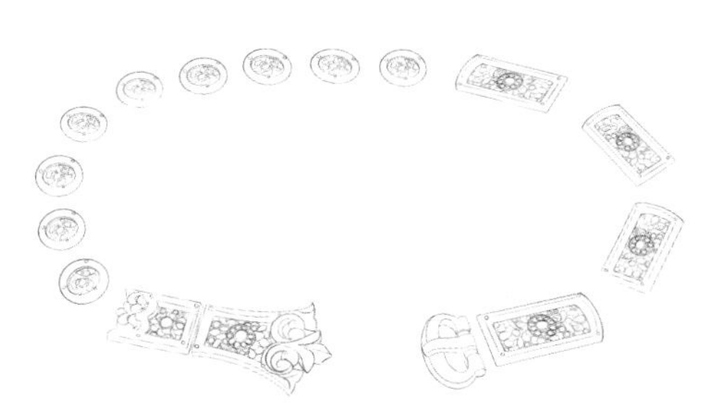

图5-62　玉梁金筐真珠蹀躞带（西安窦皦墓出土，李晓月手绘）

炸珠工艺除了在首饰上使用之外，在铜镜、金杯、宝函、金棺等众多门类之中也被广泛使用。

如西安韩森寨出土的背面为金壳的铜镜、何家村窖藏出土的团花纹金杯（图5-63）、陕西扶风法门寺地宫出土的八重宝函中的第三重、陕西临潼庆山寺出土的金棺银椁、甘肃泾川大云寺遗址出土的五重舍利宝函的金棺等器物，表面上都使用了炸珠工艺。

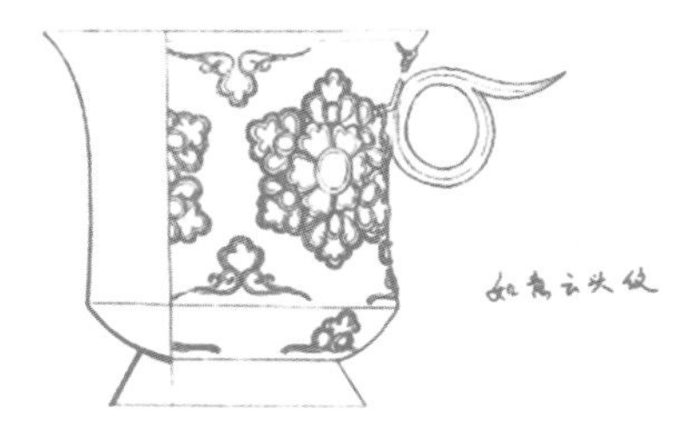

图5-63　金筐宝钿花纹金杯（何家村出土，焦旭悦手绘）

（八）焊接

焊接工艺，通常不能作为成型工艺，主要用以辅助成型，分为通体加热、局部加热和靶向式点焊等焊接方式。传统焊接工艺主要是通过熔融焊药、利用虹吸原理来连接活件，待活件冷却后便变得十分牢固、结实。明代方以智在《物理小识》中对于焊接工艺有如下记录："以锡末为小焊，响铜末为大焊，焊银器则用红铜末，皆兼硼砂。"[1]大焊、小焊是指焊药的熔点高低的，有些学者从字面意思理解以为大焊是通体加热、小焊则是局部加热的焊接方法。

（九）打磨、抛光

打磨、抛光工艺，是在器物成型之后，使用不同型号、形状的锉刀，粗细目数不同的砂石、砂纸或木炭对粗糙不光滑的金属表面除去毛糙的部分，在使用高目数砂纸或木炭抛光结束之后再使用抛光蜡对器物表面擦拭等方法使器物表面变得平滑有光泽的工艺方式。琢磨一词就是来自玉石的雕琢、打磨与抛光，通过反复加工使器物变得完美这一系列的加工工艺过程。《唐六典》记录的"研金"工艺应该就是指使用石条碾压（如同今天我们用玛瑙刀高抛活件一样，即精细抛光打磨）或用皮革、布帛擦拭器物表面的打磨、抛光工艺。

三、唐代玉石雕刻及金镶玉首饰制作工艺

我国玉器的发展大致可以分为三个时期：史前至秦汉的神玉时期、秦汉至明清的王玉时期和明清以后的民玉时期。

唐代是我国金镶玉首饰制作及玉石雕刻发展的一个重要的阶段，这一时期作为礼器的器物渐趋式微。唐代玉器的形制可以大致分为：朝廷礼仪用器、配饰器、陈设器和实用器几类，多为鉴赏性和玩赏性的装饰性玉器，其纹饰精美绝伦，分为玉带板和玉首饰两大类。从目前出土的玉器数量和规模来看，远不及前代，但作为世俗化和生活化的首饰从形制和金镶玉制作工艺而言都有了长足的发展，典型的有金镶玉步摇、玉臂钏以及玉銙带等，这些器物所呈现出来的形制、工艺既有延续性，又较之前的时代发生了重大的变化，带有明显的承前启后的特点。

（一）唐代玉石雕刻工艺流程

唐代玉石雕刻制作工艺流程与其他各个时期大体相同，第一步选材，也称读玉或者相玉。唐代玉料大多是来源于新疆地区的和田羊脂白玉、白玉、青白玉等。在进行玉石雕琢之前要观察玉料的颜色、裂、绺、皮、包裹体等，也就是业界俗称的"种、水、色、地、工"五大要素。"工"要依据玉石材料的特性而因材施艺，何家村窖藏出土的兽首形玛瑙杯就是唐代玉雕因材施艺的杰出代表。

材料确定之后是因材设计，这种设计不是纯粹的天马行空，玉雕师需要根据玉材的特点反复推敲，要巧妙地将玉石的颜色、裂、绺、皮、包裹体通盘

[1] 方以智．物理小识．[M]．上海：商务印书馆，1937：188.

考虑，然后将自己的构思画在玉料上以便进行下一步雕刻，这一过程俗称“画样”或“画活”。

接下来就是开料，即用竹制或木制的锯弓将原石切割成板材或块材，具体而言就是用绑着铁丝做成半圆形或弓字形的没有锯齿的弓琢磨玉料（图5-64），如果是开大料，需要两人各执实木制成的弓字形锯弓的两端前后拉动来切割玉料，在拉动锯弓的同时加解玉砂和水，如果是小块石料，则可以一人执弓进行开料。然后根据设计样稿在“水凳子”上配合使用形状、大小各异的砣具和解玉砂完成制坯、雕琢、抛光等工序（图5-65、图5-66）。雕琢包括刻花、钻孔、镂空、掏膛等工艺流程。

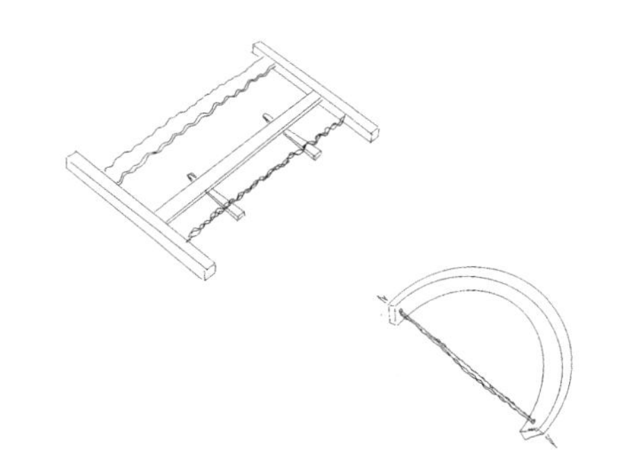

图5-64　开料工具（李晓月手绘）

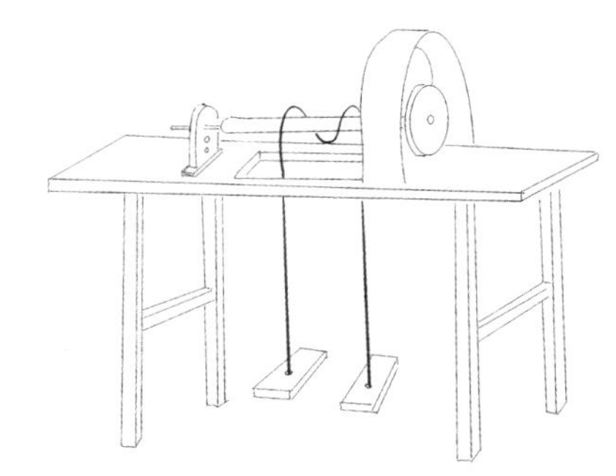

图5-65　水凳子（李晓月手绘）

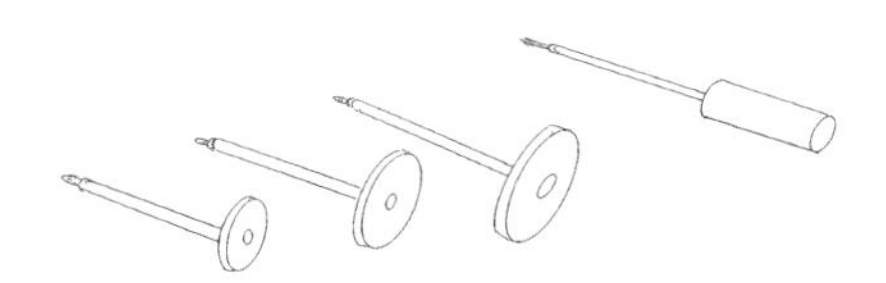

图5-66　各种砣具（李晓月手绘）

当今是玉雕工艺高度精细化发展的时代，其工艺流程与古代治玉大体相同，只不过将使用的工具更加完善，设备更加先进而已，如将水凳子的木质结构换成钢铁、将人工踩踏换成电动、将解玉砂换成人造的金刚砂并附在各种砣具上，使用起来也更为方便。

（二）唐代金镶玉制作工艺流程

金镶玉顾名思义是金与玉的结合体，金镶玉制作工艺分为：玉上嵌金、金上镶玉及玉上包金等几种类型。

玉上嵌金，称为“金银错嵌宝石玉器”，“金银错”工艺源于战国时期的青铜器制作工艺，如“错金杯”，所不同的后者胎体是青铜，前者胎体是玉石。玉上嵌金是在玉器表面琢出图案所需的上宽下窄的凹槽即“开槽”，然后将金丝或者金片通过捶揲等工艺镶嵌到凹槽里，经过开槽、压嵌金丝的工序后还要进行打磨和抛光，使金与玉器完美融合，从而形成金色的美丽图案。唐代的玉哀册和白玉嵌金佩（图5-67）使用的就是玉上嵌金工艺，白玉嵌金佩则体现出浓重的西域装饰风情，是唐代思想开放、明显接受外来文化影响的佐证。

金上镶玉，唐代也称为“金筐宝钿”，即镶嵌工艺。在拉丝工艺还没有出

图5-67　白玉嵌金佩（西安市北郊大明宫遗址出土，李晓月手绘）

现的唐代，首先需要把黄金捶成细丝，然后用两块木板将金丝来回碾压、揉搓成均匀的丝线，接着把金丝按照设计好的花纹图案焊接在器物表面，有些首饰还会在金丝编成的外框轮廓边缘焊上装饰性的细密金珠，器物整体以金为主体，通过爪镶和包镶等镶嵌手法将玉石镶嵌在金上。唐代流行的金步摇、玉带銙即是用此种方式制作而成的。

玉上包金工艺也称为金包玉，是指将黄金捶揲成薄皮，包裹在玉石胎体上的加工工艺。黄金可以为素胎，也可以在其表面錾刻纹样或肌理。何家村窖藏出土的玉臂钏用3对錾刻、捶揲成虎首形的金托将三段弧形玉料镶嵌包裹住，在功能上作为可以开合的活页，这对玉臂钏是唐代玉上包金工艺的代表作品（图5-68）。

唐代使用金镶玉制作工艺的典型器物有：

窦皦墓出土的玉梁金筐真珠蹀躞带，该玉腰带以青白玉为梁，玉中镶金制

图5-68　玉臂钏（陕西西安南郊何家村唐代窖藏出土，白露月手绘）

作而成。除玉带扣掏空制作成带扣针外，其余四件矩形銙玉板、八件圆形带銙玉板、一件忍冬形带銙玉板，都将玉石板带中间掏空，然后在掏空的部分制作金托，依据设计好的植物纹样、几何纹样的形态内嵌珍珠及红、绿、蓝各色宝石，在宝石之外以“金粟”衬底。窦皦墓出土的这件蹀躞带是目前考古发现的唐代玉腰带中制作工艺、艺术形式最为华美的一件，相较于何家村出土的或制作完整或半成品的十来件玉腰带而言，级别和规格更高。其精致华丽的程度可以说是金镶玉的典范。

四、唐代首饰制作工艺中所蕴含的手工艺精神

手艺是由双手承载的艺术。手工艺人主要依靠手、个人所掌握的手头技艺（手艺），用手进行生产、加工以及手把手地将自己所掌握的技能传授给学徒。徒弟也是用勤劳的双手通过反复的实践练习学会师傅传授的各项专业技能。手艺人靠的是手，靠手艺吃饭，因此手上就必得有绝活，否则就得不到社会的认可，无活可做。手工艺人把手上的活做好，可以从自己的劳作中得到精神和物质上的双重满足，手艺好也就是工巧。

“材美工巧”的理念在先秦时期重要的典籍《考工记》中就有明确的表述：“天有时，地有气，材有美，工有巧。合此四者，然后可以为良”[1]，该设计思想贯穿于《考工记》全文的始终。即在天时、地气、材美、工巧四者之中，天时与地气具有基础和根本的地位。这浓缩了当时人们对自然界的认识，也浓缩了当时在设计与造物中作为其主导思想之一的关于人造物与自然关系的辩证认识，反映了当时人们对于自然规律的尊崇。造器物、用材料、施工艺皆需因应天时地利。同样，治理山川自然时，亦须因应天时地利，这是匠人之本。“材”和“巧”作为生产优质产品的要素之一，第一是材料的选择，首先基于材料的性能进行选择；第二基于这种材料所能承担的责任，即材料与功能之间的适应，这两方面可以归集为材料之“质”优。第三则涉及材“美”，即材料在加工成器后所显现出的美的特质。从材料与工艺的关系看，工艺是加工材料的工艺，材料是基础，工艺基于材料的本质属性形成属于自己的程序和方法，如木材的加工工艺因木之质而有锯、刨、削、榫等工艺的分别，金属材料而有相应的煅、炼、锤打等工艺。“工”是工艺，是加工制作的活动和过程，要想生产出优质的产品，仅有“美材”不行，还必须经过精心的加工制作，“工”的要求是“巧”。“巧”，《说文解字》谓“技也”，在材料上施技以巧，以成良器。天时、地利、材美、工巧，这四者决定了产品的品质。

以狩猎纹高足银杯为例：

这件银杯1970年在陕西西安何家村出土，高7.3厘米，口径6厘米，重量121克，深腹，圆底高足，通体布满花纹，腹部为连续的四幅狩猎图案，生动而流畅地刻画了四个不同姿态的射猎者形象（图5-69、图5-70）。这件器物

[1] 张道一. 考工记注译[M]. 西安：陕西人民美术出版社，2004：7.

图5-69 狩猎纹高足银杯（西安何家村窖藏出土，陕西历史博物馆藏，李晓月拍摄）

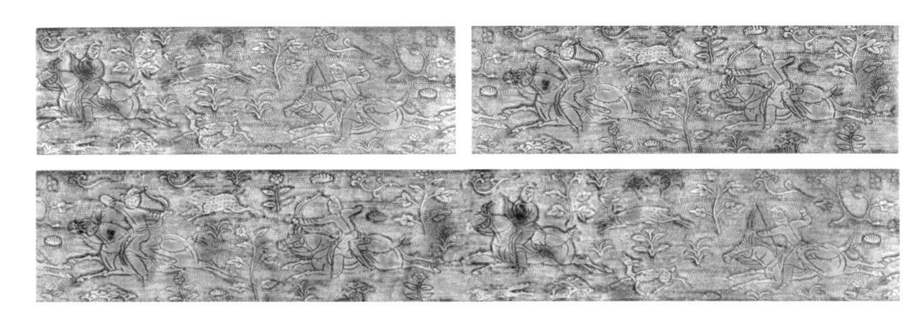

图5-70 狩猎纹高足银杯局部（西安何家村窖藏出土，陕西历史博物馆藏）

完美地将工艺与艺术相结合，前无古人、后无来者，錾刻线条流畅，只有艺术与技术修养同步达到巅峰才能制作出如此富有感染力的作品。谈大国工匠精神，我们可以在唐代金银饰器中找到学习的蓝本。正是因为錾刻与捶揲工艺的成熟，金银饰器制作才从传统的青铜器铸造工艺中分离出来，成为一门独立的工艺。

同样还是狩猎纹高足银杯的例子，在如此小面积的画面中錾刻运动中的人物4个，动物8匹/头，中间杂以花草，在杯身上散落的纹样用鱼子纹将整幅画面串联起来，形成一个紧凑的整体而不显凌乱。画中人物姿态各异，或回首，或侧视，或背对画面。奔跑中的马匹也姿态迥异，或仰首，或疾驰，将紧张的狩猎场面刻画得十分生动，似乎能听到急促的呼吸之声。而惊恐奔走的动物形态也各不相同，虽都处于狩猎中受惊的状态，但野猪似乎有一种逃生时仍带有强烈攻击性的特性，这就使狩猎者同样处于一种紧张的状态，箭在弦上，但悬而不发，空气愈加紧张，狩猎与被攻击的状态共存，猎人不愿轻易出箭，以免箭落空之后自己处于一种无防护的不安全状态。而第三个猎人十分轻松地持弓回头观看射中的小鹿，表情轻松。第四个猎人似乎箭在一秒钟之前才射出，拉弓的手还停留在空中，被射中的鹿痛苦万分，跃在空中已欲倒地，拼命挣扎，而在其上部的成年鹿则惊恐奔驰。画面整体节奏明快、刻画生动，是唐代金银器制作工艺技术的高度体现。

唐代首饰无论是器型、纹样、材料还是工艺都是当时杰出的代表。首饰上的纹样、器物的形制，都是制作技术的体现。如同狩猎纹高足银杯、金梳背这样艺术成就极高的作品从目前传承及出土的文物来看，数量多且分布广泛，由此可以推断，在唐代有一大批从事金银器生产的匠人，他们在技术和艺术上都达到了极高的水平。这正是我们今天提倡大国工匠精神所要学习和借鉴的地方。

手工艺精神的核心价值是对自己所从事的手艺保持忠诚与热情，正所谓干一行、爱一行、专一行，做到一丝不苟、精益求精，如同电影《霸王别姬》中的程蝶衣所说："要数十年如一日，差一天也不行。"

06

第六章 活化设计

第一节 唐代服饰活化设计概述

第二节 唐代女性服饰风格特征活化设计案例

第三节 唐代服饰款式活化设计案例

第四节 唐代服饰纹样活化设计案例

第五节 唐代服饰色彩活化设计案例

第六节 唐代首饰活化设计案例

第一节　唐代服饰活化设计概述

中华文明源远流长，作为全世界唯一一个历经五千年有序传承的文化体，绵延不断，魅力无穷，唐代服饰是这璀璨文明中一颗闪烁着光芒的宝石。今天我们谈“文化自信”，向世界范畴传播东方美学，就是要把这每一颗文化遗宝的标志性、典型性元素提取、淬炼，融入时代元素进行活化设计。我们所应遵循的原则是，在对传统文化继承和发扬的过程中，要保持对传统元素严谨、审慎的态度，避免因为要刻意国际化而使设计产品生硬平庸、文化定位模糊，缺乏民族文化的鲜明特征，丧失文化的本性品格。设计师应该深入挖掘传统文化的精髓，而不是拙劣地去模仿传统经典作品，用一种简单、粗暴的文化符号以直译的方式学习传统。对传统元素没有任何的创造性设计、提炼，是一种表象化的、病态式的设计方式。

从19世纪中叶直到今天，中国传统文化受到西方文化的强烈冲击，导致国人的生活方式、礼仪、服装与服饰发生了巨大改变。就服饰设计领域而言，当下的服饰无论在形制、纹样、色彩方面，还是在制作工艺、设计理念、材料选择、穿戴方式等方面都深深地打上了西方文化的烙印，这与我们20世纪90年代按照西方服饰文化、教学理念发展起来的高校服饰教育也息息相关。因此在当下，对于服饰文化的再设计、再构架也就成为必然。

当下中国的服饰在设计、制作、工艺、创新等方面已经完全具备与国际对话的实力。在国际化语境下，如何塑造、推广民族品牌？中国服饰设计师的作品如何获得世界范畴的认可？何为东方美学？何为“新中式”？东方美学的当代化能有哪些全新尝试？这都是当代服饰设计师应该深入思考的问题。新中式美学的兴起与国家文化自信战略的契合使服饰界诸多设计师开始关注传统文化，辉煌灿烂、具有鲜明时代特征与文化特色的唐代文化就是其中非常重要的一个关注点。

西安美术学院2017~2019届的毕业设计创作以关中地区传统文化的解构与重构为主题进行探索。历经13朝建都的陕西关中地区，其拥有十分丰厚、多样的传统文化元素。既有周、秦、汉、唐的文脉，如古代陵墓雕塑及其他陪葬品，也有地域特征十分突出的区域文化，如秦腔、关中皮影、凤翔木版年画、户县农民画、千阳布艺等。如何将这些文化元素转化为现代设计素材，同时又具有极强的现代性、时尚感、民族特色且符合首饰流行趋势，值得我们去探索。基于对此问题的思考，将传统文化解构之后重构，便被确定为2017~2019届西安美术学院服装系毕业设计的核心指导思想及研究方向。

第二节　唐代女性服饰风格特征活化设计案例

案例一：《霓裳》

该毕业作品是以唐朝墓室壁画中的女性形象为灵感，将其元素进行解构、重组和再次创作，通过创新的表现手法再现唐朝墓室壁画中女性的魅力。在服装的色彩上，提取了壁画中复古的金铜色，展现了华丽复古之美。服装款式的灵感来自唐朝时期的壁画中出现的大袖衫和襦裙装。面料再造手法上运用了现代的数码印染，将壁画的图案附着在具有时尚感的玻璃纱和提花面料上，并将薄纱进行焚烧和剪洞，营造出一种不完整的残缺美，将精美的壁画图案从斑驳的纱中隐约透出，具有神秘感。设计理念在于通过复古斑驳的唐墓壁画与华丽的礼服相结合给人视觉上的冲击，营造一种身临其境，梦回大唐之感（图6-1）。

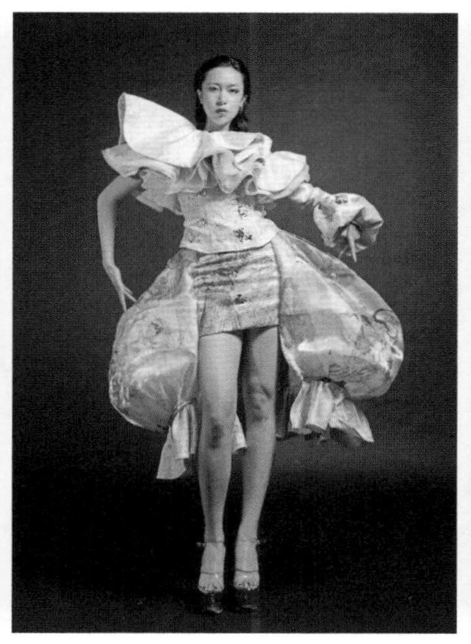

图6-1 《霓裳》（葛玥作品）

案例二:《绮袖》

该毕业设计作品的灵感来源于唐朝襦裙装，通过分析唐代襦裙装的历史与其构成特点，再加上唐代襦裙装的制作理念，将其精华进行吸取与整合，并进行创新与发展，然后将其运用到设计当中。在设计中选用的色彩以白色为主，配以孔雀蓝、琉璃色与天青色渐变过渡效果的真丝绡；服装的廓型以唐朝襦裙装为主要元素，面料软硬结合，并采用真丝绡捏褶做出曲线感的肌理，形成刚柔对比，体现唐朝襦裙装的华丽柔美之感（图6-2）。

图6-2 《绮袖》（辛飘杨作品）

第三节　唐代服饰款式活化设计案例

案例一:《宽束》

唐代美学源于它的历史和文化背景，具有兼容并蓄的特征，保留了前朝的传统之美，亦吸收了外来的西域之美，整个唐代贯穿着创造与革新的民族精神。它诠释了唐人的审美情趣与丰富的精神内涵，因此唐代服饰元素尤其是其款式与结构，对于现代服饰设计具有积极的影响和意义，一方面能够丰富现代服装设计的内涵与范畴；另一方面可以形成具有民族特色的服装设计体系，对服饰设计的发展具有极大的推动作用。

晚唐时期的女子服饰特征为宽幅大袖，现代职业女性多穿着西服等正装。本次设计是将不同时空的唐服大袖与制式西服进行碰撞，通过解构主义的设计手法打破常规的西服板型，使廓型更加自由夸张，将西服的两片袖分解，利用立裁和平裁结合的方法将衣袖呈现宽幅大袖的量感，并融入面料拼接，打破西服原始模板，从而表现出服装的张力与多样性。

创作将传统的衣袖放大变形，以不同材质的混搭拼接，让中西服饰结构相融合，再打破传统服饰结构，用西服面料诠释不一样的服装概念。在西服的廓型与结构之间，诠释收与放、宽大与收身，展现唐代服饰的兼容并蓄之美（图6-3）。

图6-3 《宽束》(周宗灏、吴聃作品)

案例二：RAPPU

此设计作品名为RAPPU，意为保鲜膜。为了保证食品的新鲜度和延长保质期限，我们会在食物上包覆保鲜膜，作品灵感来源于平时将食物封存的这种方式。历史不等同于过时，而是更有底蕴，更加宝贵，历史所沉淀下来的文化是宝贵而不可替代的。所以通过这种方式将唐代的服装元素提炼、保鲜、存放，再取之运用于现代服装设计之中，设计出带有新鲜感的传统元素的现代服装。

本次设计以唐代常服款式结构为切入点，以平面裁剪为主要制作手法，延续唐代服装宽松自然的风格特点，再通过对唐代常服的解构重组，打造出具有唐代元素却又是现代风格的创意成衣。

设计选取唐代常服中的袴和衫。唐人所穿裤，与我们现在所说的裤大为不同。"袴，盖古之裳也。周武王以布为之，名曰褶。敬王以缯为之，名曰袴，但不缝口而已，庶人衣服也。"袴由胫衣发展而来，从绳系于腰间变为连腰、没有裤裆的套裤，可见袴是一种着于腰间，覆盖双腿，却不合裆的服装款式，

也就是类似于我们现在所说的开裆裤。设计将唐代的袴与现代的裤重新组合，保留了唐代的宽大造型，在袴的两边沿用了缺胯袍的开衩结构特点，以便于行走。上衣参考了盛唐时期女子肥大的衫，宽松的衣身和肥大的袖子以抽绳设计来调节大小，宽松不拘身，更能呈现出一种自然形态的褶皱美感，其穿法多变也为设计增添了亮点（图6-4）。

图6-4　RAPPU（池缘作品）

第四节　唐代服饰纹样活化设计案例

案例:《繁花》

《繁花》系列礼服设计是以唐代花卉纹样宝相花为灵感，选择白色为基调、配合金银色为装饰色的色彩模式，利用不同白色面料材质的色彩变化来调节整体的服装色彩表现。这样的选择弱化了传统元素的色彩表征，以表现色彩感受为目的，利用不同材质面料对比所产生的色彩明度、纯度关系，在突出唐代花卉纹样造型特征表现的基础上传达出对唐代花卉纹样的色彩内涵的理解。在造型上《繁花》系列作品将唐代花卉纹样与局部立体造型相结合，并以多层次的造型设计辅助花卉主题的表现，意图实现对传统素材的解构设计。本系列礼服采用了多种工艺手法来实现对于唐代宝相花纹样的再现，如在纱织物表面印染唐代花卉纹样并在其上以局部烫钻的方式表现纹样的明暗虚实变化；以蕾丝面料作为底料，用钉珠的方式重塑唐代花卉纹样造型，进一步丰富了纹样的层次感。这些装饰工艺手法的使用既强化了唐代花卉纹样富丽华美的艺术风格，同时也较好地体现了礼服设计华贵典雅的装饰设计要求，在传达传统文化理念的同时，加强了对礼服适用性的表现（图6-5）。

图6-5 《繁花》（贾未名作品）

第五节　唐代服饰色彩活化设计案例

案例一：《 腮春 》

《腮春》系列作品为2019届西安美术学院服装系学生的毕业设计作品。此系列作品灵感来源于唐代侍女石榴裙，从唐代石榴裙的色彩特点和款式特点出发进行分析，将传统的唐代服饰元素与现代服装廓型相融合，使服装更具中国传统特色和文化底蕴（图6-6）。

（a）设计主题

（b）设计构思及灵感来源

（c）设计效果图

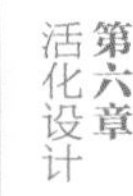

（d）成衣展示

图6-6 《腮春》（王珊作品）

案例二：《云霓裳》

《云霓裳》系列作品为2019届西安美术学院服装系学生的毕业设计作品。此系列服装灵感来源于敦煌壁画，主要提取飘带元素，将飘带缠绕与现代服装结构重组，用轻透的真丝绡和银丝坯布进行层层叠叠虚实结合的设计，以呈现敦煌壁画线条的流畅性，给人一种轻柔飘动的动态美（图6-7）。

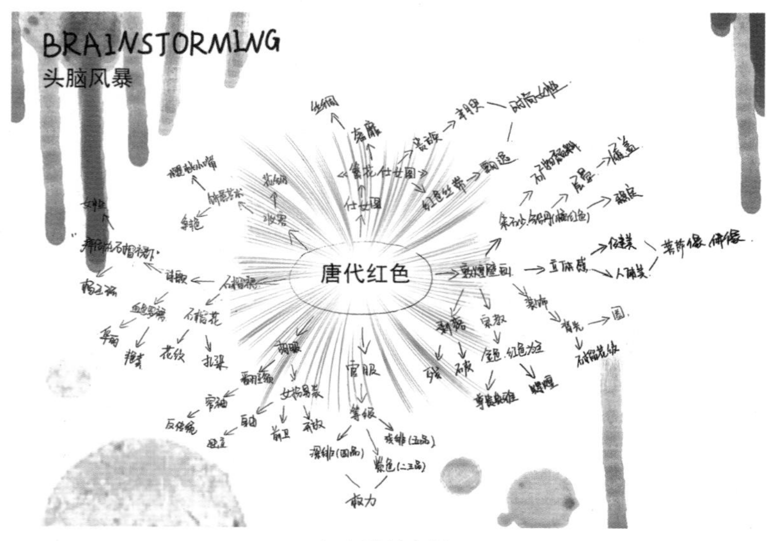

（a）设计主题

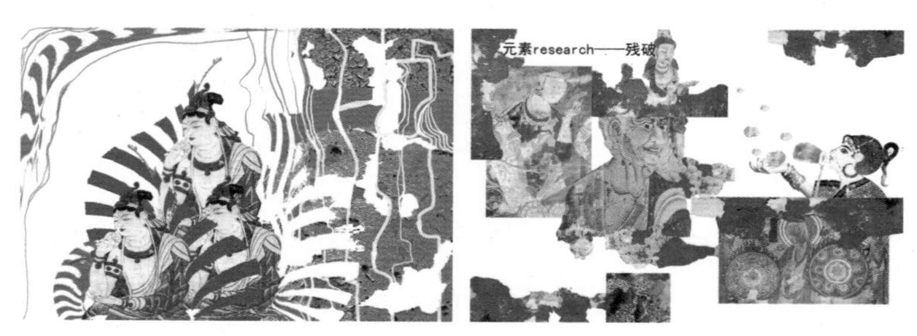

（b）设计构思及灵感来源

（c）效果图

（d）成衣展示

图6-7 《云霓裳》（苏琪琪作品）

第六节　唐代首饰活化设计案例

案例一：《山水间》

现代首饰设计师在进行设计的过程中既要学习传统文化的精髓部分，并将其转化到设计之中，同时又不被前辈的设计观念、形态所束缚。我们可以从唐代首饰器形、纹样、制作工艺等角度进行活化设计，将传统融合、杂糅到自己的设计方案之中，透过传统元素我们依然能够十分清晰地解读到时尚要素。

张萌同学创作的《山水间》（图6-8）是灵活应用唐代文化的优秀案例，其创作灵感来源于唐代山水，表现的是一种唐风古典的山水意境，造型上参考了唐代画家李思训的山水画《明皇幸蜀图》，其所画的山石极富真实感，体现了盛唐艺术的辉煌气象。层层叠叠形成群山效果，或者只勾勒出山形的轮廓。作品以银胎珐琅工艺制作而成，银胎表面以烧制饱和度较高的宝石蓝色作为主色，透明的淡水蓝与青绿色作为辅色，与主色进行渐变融合达到色彩丰富多变的效果。

图6-8　《山水间》（张萌作品）

案例二：《归》

对传统文化元素的继承还包括对传统技艺的学习与应用。以简雪云同学的《归》（图6-9）系列首饰为例，其作品灵感来源于陶渊明的《归去来兮辞》："归去来兮，田园将芜胡不归？""归去来兮"表达了作者想要逃离世俗烦恼追求精神的解脱。面对日常形形色色的压力，人们常常希望能够走出喧嚣的城市，回归自然，在山与水之间寻找一份心灵的宁静与慰藉。作品的造型选取了唐代的云纹作为主体，并将云纹进行了变形和重组，同时结合中国民居的建筑形态，使其呈现出层叠的效果，符合当代时尚审美取向又包含中国文化元素。设计师将唐代首饰的器型、纹样等传统而古老的符号元素，进行解构后又重构一件深深烙印着唐代传统文化的现代首饰，以时尚的设计理念去阐释、表述，使古典气质与现代造型有机地结合。制作工艺上运用了传统的珐琅工艺，其作品就是在传统与当代性中寻找平衡，从而设计、制作出既蕴含传统文化元素又符合时尚潮流的当代首饰。

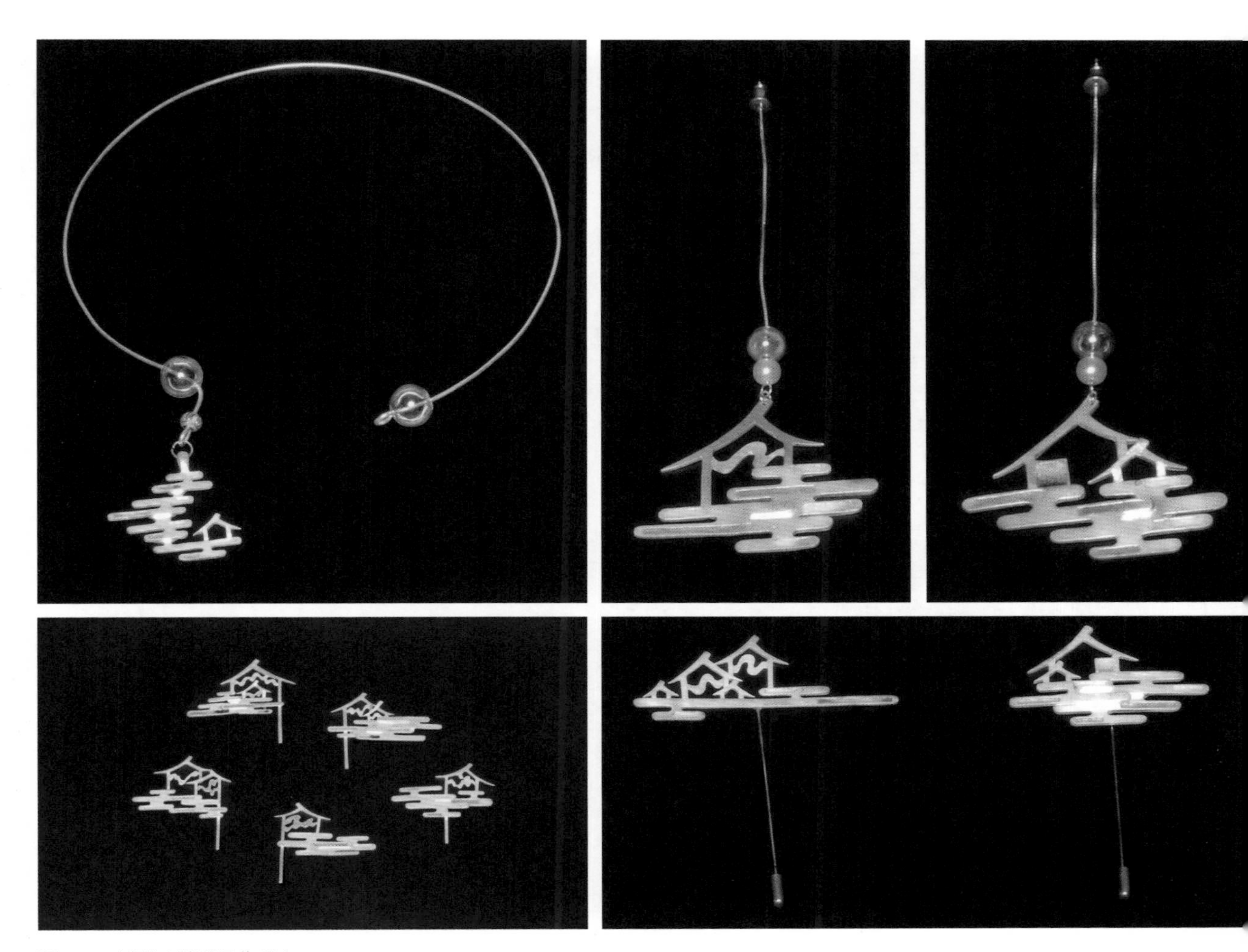

图6-9 《归》（简雪云作品）

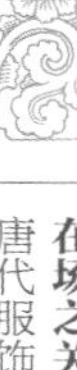

参考文献

[1] 曾慧洁. 中国历代服饰图典 [M]. 南京:江苏美术出版社,2002.

[2] 曲江月. 中外服饰文化 [M]. 哈尔滨:黑龙江美术出版社,1999.

[3] 黄能馥,陈娟娟,黄钢. 服饰中华——中华服饰七千年 [M]. 北京:清华大学出版社,2011.

[4] 刘瑞璞,陈静洁. 中华民族服饰结构图考(汉族编)[M]. 北京:中国纺织出版社,2013.

[5] 黄能馥,陈娟娟. 中国服饰史 [M]. 2 版. 上海:上海人民出版社,2014.

[6] 胡越. 中国古代卷轴画中的服饰表现 [M]. 上海:东华大学出版社,2014.

[7] 顾凡颖. 历史的衣橱:中国古代服饰撷英 [M]. 北京:北京日报出版社,2018.

[8] 葛承雍. 大唐之国:1400 年的记忆遗产 [M]. 北京:生活・读书・新知三联书店,2018.

[9] 黄正建. 走进日常:唐代社会生活考论 [M]. 上海:中西书局,2016.

[10] 姚平. 唐代的社会与性别文化 [M]. 北京:北京大学出版社,2018.

[11] 兰宇. 唐代服饰文化研究 [M]. 西安:陕西人民美术出版社,2017.

[12] 陈彦青. 观念之色:中国传统色彩研究 [M]. 北京:北京大学出版社,2015.

[13] 陈炎. 万国衣冠拜冕旒:唐代卷(大美中国)[M]. 上海:上海古籍出版社,2017.

[14] 沈从文. 古衣之美 [M]. 南昌:江西人民出版社,2019.

[15] 陈鲁南. 织色入史笺:中国历史的色象 [M]. 北京:中华书局,2015.

[16] 盐野米松. 留住手艺:对传统手工艺人的访谈 [M]. 英珂,译 . 济南:山东画报出版社,2000.

[17] 曹寅,彭定求,等. 全唐诗 [M]. 上海:上海古籍出版社,1986.

[18] 刘熙. 释名 [M]. 北京:中华书局,1963.